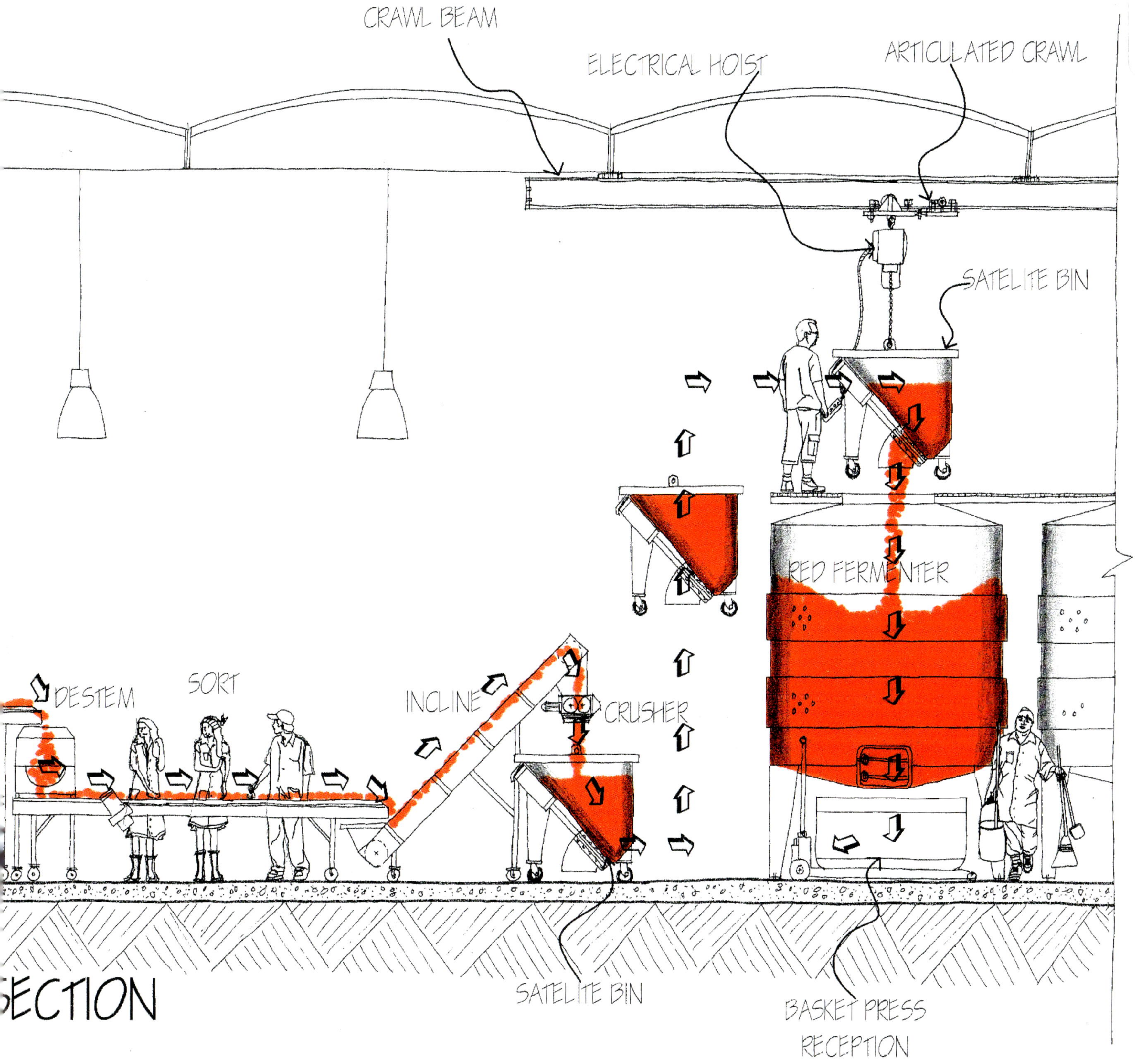
CRAWL BEAM
ELECTRICAL HOIST
ARTICULATED CRAWL
SATELITE BIN
RED FERMENTER
DESTEM
SORT
INCLINE
CRUSHER
SATELITE BIN
BASKET PRESS
RECEPTION
SECTION

W0062272

Sort / Hoist / Satelite Bin

STATUS:
REV-0

Gerard de Villiers
Raadgewende Strukturele en Proses Ingenieur | Consulting Structural and Prosess Engineer
Kleinood Plaas Blaauwklippenpad Stellenbosch | Kleinood Farm Blaauwklippen Road Stellenbosch
Tel: +27 (0)83.275.2828 Faks/Fax: +27 (0)21.880.2884 | Posbus/P.O. Box 12584 Die Boord 7613
E-pos/E-mail: admin@kleinood.com
South Africa

DE VILLIERS / ERNST / PROUST / BRESSELSCHMIDT

WEIN-VISIONÄRE

WINE VISIONARIES

MENSCHEN UND IHRE WEINGÜTER IN SÜDAFRIKA
THE PEOPLE BEHIND SOUTH AFRICAN WINES

DELIUS KLASING VERLAG

Bibliografische Information der Deutschen Nationalbibliothek:
Die Deutsche Nationalbibliothek verzeichnet diese Publikation
in der Deutschen Nationalbibliografie; detaillierte bibliografische
Daten sind im Internet über http://dnb.d-nb.de abrufbar.

2. Auflage
ISBN 978-3-7688-3379-0
© Delius, Klasing & Co. KG, Bielefeld

Lektorat: Birgit Radebold
Fotos: Alain Proust sowie S. 12 (Porträt Karen Roos): Micky Hoyle
© by Babylonstoren, S. 32 (Porträt Laurence Graff): Fadil Berisha,
S. 102 (Porträt Antonij Rupert): from the Rupert Familiy archives,
S. 112 (Porträt Hein Koegelenberg und Hanneli Rupert-Koegelen-
berg): Ivan Volschenk © by La Motte, S. 142 (Fred Weber & Family):
Webersburg archive.
Karten: INCH 3, Bielefeld
Schutzumschlaggestaltung und Layout:
Dominic Tackenberg / Weusthoff Noël, Hamburg
Lithografie: digital | data | medien, Bad Oeynhausen
Druck: Kunst- und Werbedruck, Bad Oeynhausen
Printed in Germany 2014

Delius Klasing Verlag, Siekerwall 21, D - 33602 Bielefeld
Tel.: 0521/559-0, Fax: 0521/559-115
E-Mail: info@delius-klasing.de
www.delius-klasing.de

Inhalt
Directory

Babylonstoren hat es bereits auf die Top 100-Liste von Condé Nast Traveller und die von Tatler's 101 besten Hotels der Welt/Best Hotels of the World geschafft, und das »Babel« wurde für die Top 20 der Eat Out South African Restaurants nominiert. Das komplexe Angebot von Babylonstoren umfasst einen Chenin Blanc, Viognier und Mourvèdre Rose.

Babylonstoren has already made the Condé Nast Traveller Hot 100 list and Tatler's 101 Best Hotels of the World, and Babel was nominated in the Eat Out Top 20 South African restaurants. The compact range of Babylonstoren encompasses a Chenin Blanc, Viognier and Mourvèdre Rose.

Das Anwesen
The Estate

Das in der Nähe von Paarl gelegene Anwesen stammt aus dem 17. Jahrhundert, ist somit eine der ältesten Cape Dutch-Farmen und wurde bis vor zehn Jahren noch als Obstplantage genutzt. Karen Roos kaufte die Farm und begann eine inspirierte Renovierungsphase, die klare, zeitgemäße Ästhetik mit 300-jähriger Tradition kombiniert. Heute ist die Farm nach wie vor in Betrieb, wurde jedoch in ein Fünfsterne-Country Resort umgebaut, in dem Gäste die gesamte Farm auf eigene Faust erkunden und im Garten Obst und Gemüse ernten können. Auf dem Anwesen wurden jahrhundertealte Scherben von Delfter Porzellantellern gefunden. Deren blaue Muster wurden in das Branding des Resorts aufgenommen und damit ein Bindeglied zwischen der Farm und ihrer Geschichte geschaffen.

Babylonstoren besitzt einen außergewöhnlich gut erhaltenen Werf (Bauernhof). Er besteht aus einem H-förmigen Gutshaus, dem alten Originalkeller, einem Koornhuis (in dem man Getreide und Heu lagerte) und einigen alten Stallgebäuden und Werkstätten, einem Glockenturm, dem dekorativen Geflügelgehege und Taubenschlag – umgeben von den traditionellen, niedrigen, weiß getünchten Mauern. Einige Gebäude beherbergen heute Gästezimmer, während ein alter, ausgedienter Kuhstall in ein Restaurant, das »Babel«, umgebaut und mit langen Holztischen und Designer-Stühlen möbliert wurde. Ein Erweiterungsbau neueren Datums ist das unter Eichen gelegene »The Glasshouse«, ein eher ungezwungenes Speiselokal in einem Gewächshaus, in dem exotische Früchte und ein Baobab-Baum wachsen. Beide Restaurants arbeiten nach dem Direkterzeugerprinzip, mit Schwerpunkt auf frisch geernteten Nahrungsmitteln aus biologischem Anbau, die einfach, aber gekonnt zubereitet werden.

Die Autodidaktin Karen Pretorius stellt die Hausmacherprodukte auf »althergebrachte Weise« her, und die Kunden können in ihrem Feinkostladen Sauerteig- und andere, im alten Holzofen frisch gebackene Brote, Wurstwaren und Bauernkäse erstehen.

Entlang einer Eichenallee befinden sich weitere weiß getünchte Gästehäuser, die mit ihrem bemerkenswerten Komfort und Stil das Cape-Dutch-Erbe der Farm widerspiegeln: Von innen blickt man durch riesige Glasfronten auf die Gärten und Weinberge.

This 17th-century property near Paarl, one of the oldest Cape Dutch farms, was a fruit farm until a decade ago. Then Karen Roos acquired it and an inspired restoration, which combines a clean, contemporary aesthetic with over 300 years of tradition, began. Today it remains a working farm but has also been transformed into a five-star country getaway where guests are encouraged to explore the entire farm, and pick fruit and vegetables in the garden. Centuries-old remnants of Delft ware were found on the farm and these blue-patterned plates have been incorporated into the branding, connecting the farm to its history.

Babylonstoren has an exceptionally well-preserved werf (farm-yard). It consists of an H-shaped manor house, original old cellar, koornhuis (where wheat and hay were stored) and a

row of old stables and workshops, a bell tower, an ornate fowl pen and a dove cote surrounded by traditional, low white-washed walls. Some of the buildings were converted into guest accommodation, while a disused old cowshed was turned into a restaurant named »Babel«, furnished with long wooden tables and designer chairs. A more recent addition is »The Glasshouse« under the oak trees, a conservatory where exotic fruits and a

baobab tree grow in this more casual eatery. Both restaurants have a farm-to-table ethos with an emphasis on freshly picked organic, seasonal fare, simply but expertly prepared.

Karen Pretorius, a self-trained chef, makes artisanal food products »in the old-fashioned way«, and visitors to the deli can buy sourdough and other breads freshly baked in the old wood-fired oven, charcuterie and farm cheeses.

Fourteen whitewashed guest cottages reflecting the Cape Dutch heritage of the farm with considerable comfort and style line an avenue of oaks, with views through huge glass walls of the gardens and vineyards.

Das Weingut & die Gärten
Winery & Gardens

Die gut ausgestattete 300-Tonnen-Winzerei und der Keller für die Fassreifung sind in weiß getünchten Gebäuden untergebracht, die aus demselben »Guss« gemacht sind wie die original Kellergebäude, die sich in einem schrägen Winkel zum Gutshaus erstrecken. Auf einem informativen Kellerrundgang, der durch Wandgemälde, Kunstobjekte und interessante Ausstellungen der verschiedenen Anbauböden und der alten Apparaturen zur Weinherstellung bereichert wird, kann man den Weg der Trauben vom Weinberg über den Irrigationsraum, durch Winzerei und Keller, bis hin zum Lagerraum für die Endprodukte verfolgen. Im gesamten Keller verteilt sind die elf auf dem Weingut angebauten Rebsorten in einem Schaukasten zu sehen. Außerdem gibt es noch eine Brennerei, wo die Früchte aus dem Garten zu mampoer (Obstler) verarbeitet werden.

Das Herzstück des Weinguts ist der dreieinhalb Hektar große architektonische Garten, der an die Company Gardens der Dutch East India Company angelehnt ist, wo einst deren Schiffe auf halber Strecke zwischen Europa und Asien ihre Vorräte auffüllten. Der Garten, der vom französischen Landschaftsarchitekten Patrice Taravella entworfen und zu einem Großteil von Geschäftsführer Terry de Waal beeinflusst wurde, weist über 300 verschiedene Pflanzenarten auf. Der Garten ist nach einem Raster mit 15 Teilabschnitten für Gemüse, Obst, Kräuter, einheimische Duftpflanzen, Bienenstöcke, Hühner und Enten angelegt. Es gibt überdies ein Kaktusfeigen-Labyrinth und ein sonderbares geflochtenes »Nest«, von dem aus man die Vogelwelt beobachten kann. Ein Fluss wird mittels Schwerkraft in Kanäle geleitet, die den Garten bewässern. Die für die Gartenpflege zuständige Liesl van der Walt arbeitete 20 Jahre lang als Gärtnerin für den Kirstenbosch National Botanical Garden. Sie legte den Garten mit den einheimischen Duftpflanzen an und wurde danach zur Obergärtnerin über ein achtzehnköpfiges Team ernannt. »Die Vielfalt ist unser Markenzeichen – alles, was hier wächst, ist essbar, medizinisch oder anderweitig nutzbar und aus ökologischem Anbau«, erklärt sie.

Design und Funktionalität gehen Hand in Hand – in den Restaurants wie auch in der Kellerei.
Design and functionality go hand in hand – in the restaurants and in the wine cellar.

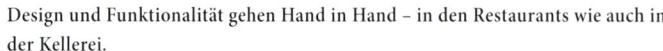

The well-equipped 300-ton winery and barrel maturation cellar are housed in whitewashed buildings that have the same »footprint« as the original cellar buildings, which are splayed at an angle to the manor house. Informative cellar tours, enriched by murals, artworks and interesting displays of soils and old winemaking equipment, follow the grapes from vineyard via the irrigation room through the winery and cellar, ending up in the finished products storeroom. Around the cellar, the eleven varieties grown on the farm are represented in a showcase vineyard. There's also a distillery where fruits from the garden are made into mampoer (fruit brandy).

And that's what lies at the heart of the farm: The three-and-a-half hectare formal garden, inspired by the Company Gardens of the Dutch East India Company, where their ships once replenished supplies at this halfway stop between Europe and Asia. Designed by French landscape architect Patrice Taravella and implemented with significant input from GM Terry de Waal, the garden has over 300 varieties of plants growing in it. The garden is laid out on a grid with 15 areas for vegetables, fruits, herbs, fragrant indigenous plants, beehives, chickens and ducks. There's a prickly pear maze and a quirky woven »nest« to watch the birdlife from. A stream is gravity-fed into canals in the garden for irrigation. Garden curator Liesl van der Walt worked as a horticulturist at Kirstenbosch National Botanical Garden for 20 years. She created the fragrant indigenous garden here and was then appointed as head gardener, with a team of 18. »Diversity is a trademark, with everything planted here being edible, medicinal or useful, and grown as biologically as possible«, she explains.

Die Menschen
Personalities

Als ehemalige Herausgeberin einer Fachzeitschrift für Inneneinrichtung ist die persönliche Note der Eigentümerin Karen Roos überall zu spüren. Sie betont jedoch stets, dass der Wiederaufbau des Gutshofes das Ergebnis von Teamarbeit ist, an der viele Personen beteiligt waren – allen voran die engagierten Mitarbeiter von Babylonstoren. Der Geschäftsführer und ausgebildete Ingenieur Terry de Waal spielte eine bedeutende Rolle bei der Umsetzung ihrer Visionen von Babylonstoren und war ebenso am endgültigen Entwurf für »The Glasshouse« beteiligt.

»Wir möchten vor allem«, so Karen, »dass sich unsere Gäste hier wieder erden können. Wir erhoffen uns, dass sie die Berge ringsum genau so genießen wie wir alle hier, dass sie selbst die biologisch angebauten Früchte und Gemüsesorten pflücken, Pétanque spielen, eine Runde im Plaasdam (Stausee) schwimmen, eine Stunde im Spa-Bereich entspannen, im Restaurant ein einfaches, frisches Gericht zu sich nehmen, einen Spaziergang auf dem kegelförmigen Hügel von Babylonstoren machen, auf dem Simonsberg einen Sundowner in Form eines Glas Weins genießen, unter die gestärkte Leinenbettdecke schlüpfen und ins Reich der Träume entschweben ... so ungefähr.«

KAREN ROOS, TERRY DE WAAL & BABYLONSTOREN-TEAM

A former interior magazine editor, owner Karen Roos' touch is evident everywhere but she emphasises that the revitalisation of the farm is the result of a team effort, in which many people have been involved – most of all, Babylonstoren's dedicated staff. GM Terry de Waal, who happens to be a trained industrial engineer, has played a fundamental role in manifesting her vision for Babylonstoren, including collaborating on the final design for »The Glasshouse«.

»Above all«, says Karen, »we would like visitors to ground themselves again. We hope they'll enjoy the mountains all round as much as our team does, pick their own biologically grown fruit and veg, play pétanque, swim in the plaasdam (farm dam), enjoy an hour in the spa, eat a simple fresh dish at the restaurant, walk up the conical Babylonstoren hill, enjoy a sundowner of wine from around the Simonsberg, slip in between sheets of crisp linen and drift away ... more or less.«

Tiere spielen auf dem Anwesen Babylonstoren eine wichtige Rolle, ob als Gaumengenuss oder als Gestaltungselement.

Animals play an important role on the Babylonstoren estate, whether as a delicacy or as a design element.

Die Weine
The Wines

W inzer Charl Coetzee studierte Weinbau und Önologie an der Stellenbosch University und hat eine Reihe von Ernten im In- und Ausland mitgemacht, darunter in Frankreich, Griechenland, Rumänien und Neuseeland, bevor er nach Babylonstoren kam. Hier war er von Anfang an am Branding und Stil der Weine beteiligt. Babylonstoren umfasst insgesamt 51 Hektar an Weinbergen – manche Abschnitte sind schon zwölf Jahre alt. Die ersten Weine wurden hier im Jahre 2011 hergestellt. Das komplexe Angebot von Babylonstoren umfasst einen Chenin Blanc, Viognier und Mourvèdre Rose, mit einer Mischung im Bordeaux-Stil, sowie die Flaggschiff-Weine Chardonnay und Shiraz, die erst noch in den Handel kommen. Neben den Weinen aus der eigenen Produktion werden im Verkostungsraum außerdem ausgewählte Weine von 29 anderen, an den Ausläufern des Simonsberg gelegenen Weingütern angeboten, die zu Erzeugerpreisen erhältlich sind und dem Besucher eine Geschmackserfahrung aus der Region bieten.

W inemaker Charl Coetzee studied viticulture and oenology at Stellenbosch University, and completed a number of local and overseas harvests, including in France, Greece, Romania and New Zealand, before joining Babylonstoren, where he has been very involved in the branding and style of the wines from the outset. There are 51 hectares of vineyard – some blocks are up to 12 years old – and the first wines were made here in 2011. The compact range of Babylonstoren encompasses a Chenin Blanc, Viognier and Mourvèdre Rose, with a Bordeaux-Style blend, and the flagship Chardonnay and Shiraz, still to be released. In addittion to their self-produced wines, selected wines represented by 29 wineries on the foothills of the Simonsberg are also available in the tasting room at cellar door price offering visitors a regional tasting experience.

Kulinarische Weinbegleitung
Wine Pairing

Der fruchtige, vollmundige Babylonstoren Viognier 2011, der aus den eigenen Trauben hergestellt wird, stammt zu 25 % aus neuen französischen Eichenfässern. Er besitzt die typischen Pfirsich- und Aprikosenaromen. Der halbtrockene Anteil an Restzucker und die frische Säure gleichen die 15 % Alkoholanteil aus und machen ihn zu einem gut strukturierten, speisefreundlichen Wein.

The fruity, full-bodied Babylonstoren Viognier 2011, made from grapes grown on the farm, was lightly wooded in 25 % new French oak barrels. It has typical peach and apricot aromas and flavours. An off-dry level of residual sugar and fresh acidity balance the 15 % alcohol, making for a well-structured food-friendly wine.

Für den Yellowtail

700 g Yellowtailfilets, 1 TL fein gehackter frischer Ingwer, 1 TL Koriandersamen (geröstet und zerstoßen), 3 TL Chilipulver, ½ TL Kurkuma, ½ abgeriebene Zitrone, 2 EL pflanzliches Öl, 1 ausgepresste Zitrone, 1 TL grobes Salz, Pflanzenöl zum Anbraten

Für das Vadde

150 g trockene gelbe Linsen, 1 Chilischote (ohne Kerne und fein gehackt), 1 ausgepresste Zitrone, 2 EL frischer Koriander, grob gehackt, 1 Frühlingszwiebel (fein geschnitten), Salz nach Belieben, 100 ml pflanzliches Öl zum Anbraten

Für den Raita-Joghurt

200 ml Joghurt, ½ ausgepresste Zitrone, ¼ TL Kurkuma, eine Messerspitze gemahlener Kümmel, 2 EL fein geraspelte Karotten, Salz

---

For the yellowtail

700 g yellowtail fillets, 1 ts finely chopped fresh ginger, 1ts coriander seeds (roasted & crushed), 3 ts chilli powder, ½ ts turmeric, ½ lemon (zested), 2 ts vegetable oil, 1 lemon (juiced), 1 Tb coarse salt, Vegetable oil for frying

For the vaddes

150 g dried yellow lentils, 1 chilli pepper (deseeded & finely chopped), 1 lemon (juiced), 2 Tb fresh coriander (roughly chopped), 1 spring onion (finely sliced), Salt to taste, 100 ml vegetable oil for frying

For the raita

200 ml yogurt, ½ lemon (juiced), ¼ ts turmeric, Pinch of ground cumin, 2 EL carrots, finely grated Salt

Yellowtail nach Masala-Art mit Dhal Vadde & Raita-Joghurt
Masala-style yellowtail with dhal vaddes & yogurt raita

Für die **Masala-Paste** alle Gewürze und die abgeriebene Zitrone mit Öl vermischen. Den **Fisch** in der Paste wälzen, bis er vollständig bedeckt ist. Filets eine Stunde lang in der Marinade belassen, dann salzen und zwei bis drei Minuten lang in einer heißen Pfanne »medium« anbraten. Zitronensaft darübertäufeln, aus der Pfanne nehmen und sofort auf den Tellern anrichten. Anstelle von Yellowtail kann jeder beliebige Fisch mit festem Fleisch verwendet und entsprechend gebraten werden.

Linsen über Nacht in Wasser einweichen. In einem Sieb gut abtropfen lassen und das Linsenwasser zurückbehalten. Sämtliche Zutaten in eine Küchenmaschine geben und vermengen, bis die Linsen fein zermahlen sind. Da bei diesem Gericht keine Eier zum Binden verwendet werden, muss man die Konsistenz durch Zugabe von etwas Linsenwasser regulieren. Wenn die Mischung gebunden und von fast feiner Konsistenz ist, sollte sie ziemlich trocken sein und kann weiterverarbeitet werden. In diesem Stadium ist die Mischung sehr empfindlich, sodass es sich empfiehlt, eine Pastete probeweise anzubraten, bevor man die gesamte Mischung zu runden, 1 cm dicken Pastetchen formt. Dafür empfiehlt sich eine Ausstechform mit 5 cm Durchmesser.

Für den **Raita-Joghurt** alle Zutaten miteinander vermengen, würzen und gegebenenfalls noch mehr Zitronensaft hinzufügen. Eine Stunde lang im Kühlschrank aufbewahren, damit sich der Geschmack entfalten kann.

Zum Servieren: Gegrillte Auberginen, frische Bohnen oder auch ein knackiger grüner Salat passen sehr gut zum Raita-Joghurt und stellen einen Kontrast zu den Gewürzen dar. Alle Zutaten auf den Tellern anrichten, bevor der Fisch gebraten wird, danach mit frischem Koriander garnieren und sofort servieren.

Mix all the spices and the lemon zest with the oil to make the **masala paste**. Roll the **fish** in the paste to coat it thoroughly. Leave the fillets to marinate for an hour before salting and frying them in a hot pan for just two to three minutes until medium-rare, then squeeze the lemon juice over them, remove from the pan and plate immediately. Instead of yellowtail, you can use any other fish with firm flesh, which is then fried accordingly.

Soak the **lentils** in water overnight. Drain them well in a sieve and retain the soaking stock. Place all the ingredients in a food processor and grind the lentils until fine. Since there are no eggs used in this dish to bind the mixture, it is important to adjust the consistency with a little soaking stock as needed. When the mixture starts binding and is almost fine it is ready and should be fairly dry. The mixture is very delicate at this stage and you should fry a tester before shaping all of the mixture into round, 1 cm-thick patties, using a pastry ring of 5 cm in diameter.

For the **raita** mix all ingredients together, adjust seasoning and add more lemon juice if needed. Leave in the fridge for one hour for the tastes to blend together.

To serve: Grilled aubergines, fresh beans or even a crunchy green salad will be a good pairing with the raita and contrast nicely with the spices. Plate all the ingredients before frying the fish, then garnish with fresh coriander and serve immediately.

Babylonstoren Viognier 2011

hat einen animierenden, aromatischen Duft von reifen Pfirsichen, eine reichhaltige Textur und gute Säure. Der Fisch nach Masala-Art mit seinen gegensätzlichen Gewürzaromen harmoniert sehr gut mit dem vollmundigen Wein.

has an animated, fragrant nose with ripe peach flavours, a rich texture and good acidity. The fish masala with its contrasting spicy aromas pairs well with this full-bodied wine.

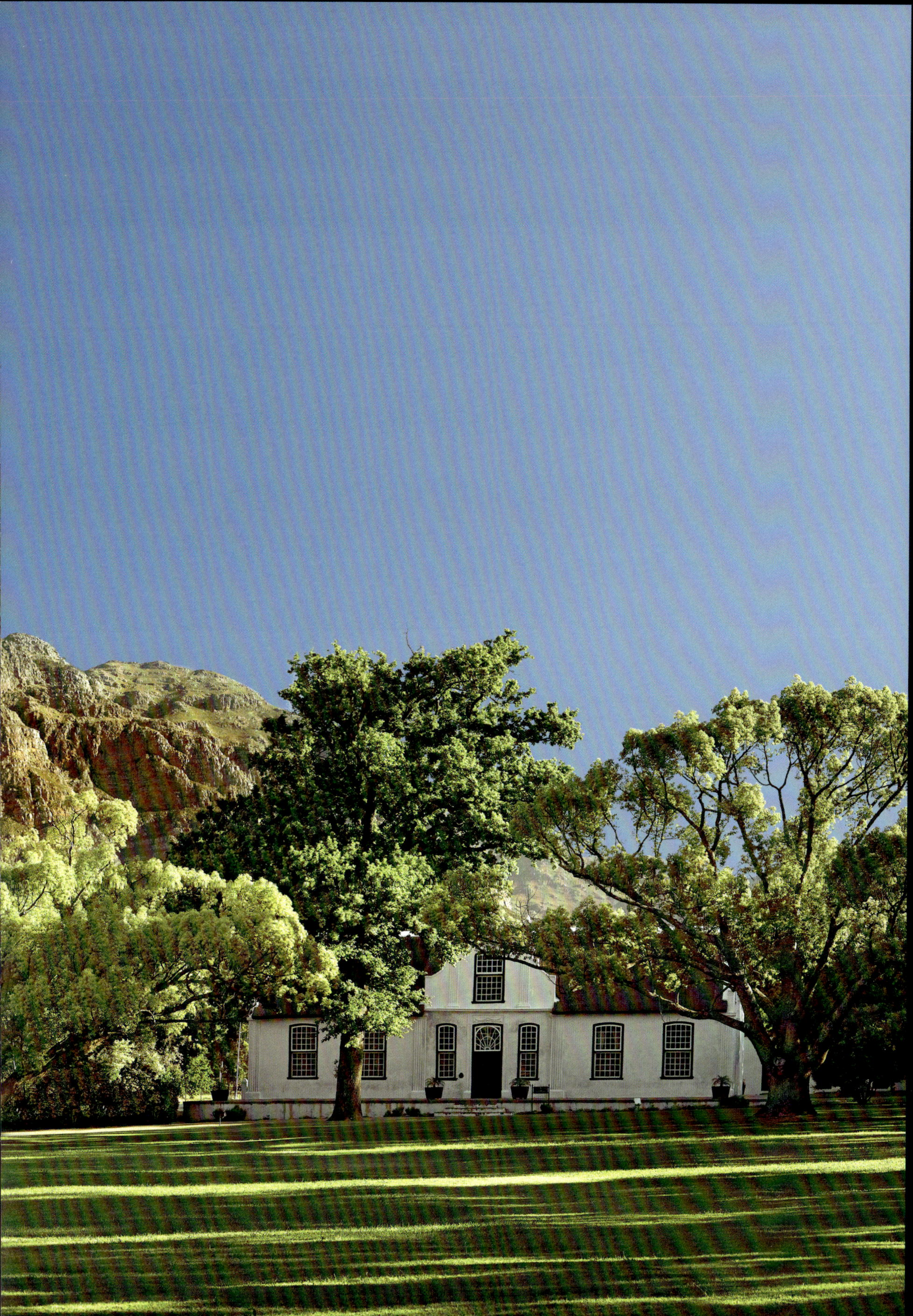

Boschendal

Ein Teil des heutigen Boschendal Weinguts war ursprünglich der 1795 erbaute Keller des Le Rhône-Herrenhauses. Heute ist das Weingut praktisch und funktional mit der modernsten Technik ausgestattet, um eine äußerst behutsame Verarbeitung der Trauben zu gewährleisten.

Part of the present Boschendal winery was originally the cellar for Le Rhone Manor House, built in 1795. Today, the winery is practical and functional, fitted with the latest, state-of-the-art equipment for the gentlest handling of the grapes.

Das Anwesen
The Estate

Die Besitzurkunde für »Bossendaal« (Niederländisch für Wald und Tal) stammt aus dem Jahre 1685 und ist auf den ersten offiziellen Eigentümer, den französischen Hugenotten Jean le Long, ausgestellt. Doch erst als das Anwesen in den Besitz der Familie De Villiers kam, nahm die Geschichte von Boschendal ihren Lauf. Von den ersten landwirtschaftlichen Tätigkeiten und dem Bau des historischen Herrenhauses bis hin zur späteren Verwaltung durch den mächtigen Bergbaumagnaten Cecil John Rhodes und der Ära der Rhodes Fruit Farms, zieht sich das besondere Flair dieses Ortes wie ein roter Faden durch seine Geschichte.

Nach Rhodes' Tod im Jahre 1902 standen die Farmen 40 Jahre lang unter der Verwaltung der Bergbaugesellschaft De Beers, bevor das Anwesen zuerst in den Besitz von Sir Abe Bailey und später eines Syndikats überging. Als die Anglo-American Corporation im Jahre 1969 die Farmen übernahm, wurde ein ausgedehntes Sanierungsprogramm eingeleitet. Für die Weinberge wurden die besten Rebpflanzen ausgesucht, und das Wohnhaus wurde restauriert, umgebaut und später als Nationaldenkmal wiedereröffnet. In die Weinkeller wurde in so erheblichem Maße investiert, dass die Qualität und das Image von Boschendal aufgewertet wurden und das Anwesen für seine erlesenen Weine und das gute Essen einen hohen Bekanntheitsgrad erreichte.

Ein sorgfältig ausgewähltes Konsortium übernahm 2003 die Geschäfte von Anglo American. Ein weiterhin schonender Umgang mit der Umwelt, ein sozialer Aufschwung in der Gemeinde und ein strenger Erhalt der natürlichen Biodiversität des Anwesens gingen Hand in Hand mit der wohlüberlegten Weiterentwicklung Boschendals zur Sicherung nachhaltigen Fortschritts.

Heute gehört Boschendal Estate zu den herausragendsten Weingütern der Welt und bietet mit einem Blick in die Vergangenheit im authentisch möblierten Herrenhaus-Museum, einer Weinverkostung an der Kellertür, den edelsten Speisen in einer der sehr guten Restaurants oder einem Picknick auf den schattigen Rasenflächen eine ganz wesentliche Erfahrung bei einem Besuch in den Cape Winelands. Außer den wundervollen alten Bäumen besitzt das Anwesen mustergültig angelegte Gärten, darunter der international angesehene Rosen- und Kräutergarten, die Besucher aus der ganzen Welt anziehen.

Die Weinberge erstrecken sich über eine Fläche von 250 Hektar und über eine Länge von sechs Kilometern entlang der Abhänge des Groot Drakenstein. Es werden hauptsächlich die weißen Rebsorten Chardonnay und Sauvignon Blanc sowie die roten Rebsorten Cabernet Sauvignon, Merlot und Shiraz angepflanzt.

*T*he title deed for »Bossendaal« (Dutch for wood and dale) dates back to 1685 in favour of the first official owner, French Huguenot Jean le Long, although it is under ownership of the De Villiers family that Boschendal's history began to unfold. From these first farming foundations and building of the historic Manor House to the later custodianship of powerful mining magnate Cecil John Rhodes and the era of the Rhodes Fruit Farms, the common thread is the distinct sense of history and place that shaped the estate through the ages.

After Rhodes' death in 1902, the De Beers mining company continued to manage the farms for 40 years before the estate was sold to Sir Abe Bailey and afterwards to a syndicate. When Anglo-American Corporation took over the farms in 1969, a massive redevelopment programme was initiated. The finest plant material improved the vineyards, the homestead was restored and renovated, reopening as a national monument, and substantial investment in the wine cellars elevated the quality and image of the Boschendal Estate, establishing it as a popular fine wine and food destination.

A carefully appointed consortium took the reins from Anglo American in 2003. Continued guardianship of the environment, social upliftment of the community and asserted conservation of the natural biodiversity of the estate has been combined with carefully considered development to ensure sustainable progress of Boschendal.

Today, Boschendal Estate is one of the finest properties in the world and a quintessential Cape winelands experience offering a glimpse into the past at the authentically furnished Manor House museum, wine tasting at the cellar door, gracious dining at one of the fine restaurants or picnics on its tree-shaded lawns. Besides the beautiful old trees the estate boasts immaculate gardens, and Boschendal is synonymous with its internationally acclaimed rose garden, which draws visitors from around the world, and herb garden.

The vineyards cover 250 hectares, extending for six kilometres along the slopes of the Groot Drakenstein, and are planted mainly to white-wine varieties Chardonnay and Sauvignon Blanc, and red-wine varieties Cabernet Sauvignon, Merlot and Shiraz.

Wie gemalt erstreckt sich das Pniel Valley vor dem Betrachter.

The Pniel Valley stretches picture perfect to the horizon.

Das Weingut & die Gärten
Winery & Gardens

Ein einzigartiges Merkmal des Rotweinkellers sind die schwebenden Gärtanks, die selbstentleerend sind und für einen aufgeräumten Arbeitsbereich sorgen. Auf diese Weise kann die Presse unter den Behältern betrieben werden und der Trester hineinfließen. Jeder Behälter besitzt seine eigene vorprogrammierbare Temperaturkontrolle, sodass mehrere Tanks gleichzeitig verschiedene Rebsorten bei jeweils optimaler Gärtemperatur fermentieren können.

Auch der Weißwein- und Sektkeller hat einen speziellen Bereich mit Temperaturkontrolle, sodass die Boschendal Cap Classiques vor dem Entfernen des Hefesatzes bei optimaler Temperatur reifen können. Der Keller für die Fassreifung bietet eine temperatur- und feuchtigkeitskontrollierte Umgebung, in der die Weine in französischen Eichenfässern reifen. Der Keller ist in vier Bereiche unterteilt, in denen die erlesenen Weine in verschiedenen Mikroklimata produziert werden können. Nach dem Gärungsprozess werden die Weine im Flaschenkeller abgefüllt und etikettiert.

*T*he unique feature of the red-wine cellar is the suspended fermentation tanks which are self-draining, creating an uncluttered working space. This allows the press simply to be driven under the tanks and the pommace to be released into it. Each tank has its own pre-programmable temperature control so that several tanks can ferment several different varieties at their optimum fermentation temperatures simultaneously.

The white and sparkling wine cellar also has a special temperature controlled area to allow the Boschendal Cap Classiques to mature at their optimum temperatures prior to dégorgement. The barrel maturation cellar provides a temperature and humidity controlled environment in which to mature the wines in French oak. This cellar is divided into four sections, allowing various microclimates for the honing of fine wines. After vinification, the wines are bottled and labelled in their onsite bottling hall.

Die Menschen
Personalities

S pekkies van Breda, der einen Hochschulabschluss in Landwirtschaft an der Stellenbosch University hat, spielt eine entscheidende Rolle auf Boschendal. Er ist verantwortlich für die gesamten Abläufe auf dem Anwesen und der Farmaktivitäten: Weinberge, allgemeine Gutsverwaltung, Gärten, Stromversorgung, Staudämme, Beseitigung fremder Pflanzenarten – ein Gebiet, auf dem in den vergangenen zehn Jahren eine große Menge an Arbeit zu bewältigen war – Verwaltung und Verpachtungen der Obstplantage, sowie die erst kürzlich aufgebaute Rinderherde und das Gestüt.

Außerdem steht er in enger Verbindung mit Wohnbauprojekten, da sie einen wesentlichen Bestandteil der Gesamtvision von Boschendal bilden. »Dieses Projekt muss mit der Landwirtschaft eine Einheit bilden, die nachhaltig und ausbalanciert sein muss, damit es sowohl mit Boschendal als auch mit Südafrika vorangeht«, sagt er.

Boschendal wird schon bald zum Champion der Biodiversity and Wine Initiative ernannt werden. Das Weingut setzt sich für die Bewahrung, den Schutz und die Sanierung der Umwelt ein, indem es biologische Anbaupraktiken einsetzt, die sowohl in den Weinbergen als auch in der sie umgebenden Natur die Vielfalt der Biotope fördern. Beinahe die Hälfte der gesamten Grundstücksfläche wurde unter Naturschutz gestellt: eine Investition in die Umweltstrategie.

JACQUES ROUX, LIZELLE GERBER, J. C. BEKKER, STEPHAN JOUBERT & SPEKKIES VAN BREDA (u./b.)

S *pekkies van Breda, who holds a masters degree in agriculture from Stellenbosch University, plays a vital role at Boschendal. He is responsible for the entire operating estate and farming activities, including the vineyards, general estate maintenance, gardens, electricity, managing of dams, alien clearing – an area in which a tremendous amount of work was done over the last ten years, the co-ordination and management of the orchard lease, and the recently established cattle herd and stud.*

He is also closely in liaison with the residential development project, as it forms an integral part of the overall Boschendal vision. »This project and the farming must form a unit which must be sustainable and in balance, going forward for both Boschendal and South Africa«, he says.

Boschendal is soon to become a Biodiversity and Wine Initiative Champion. They are committed to the conservation, preservation and restoration of their environment by implementation of biological farming practices that promote a habitat of biodiversity, both in the vineyards and surrounds. Almost half of the total land has been set aside for conservation, with a dedicated investment in their environmental management strategy.

Die Weine
The Wines

Kulinarische Weinbegleitung
Wine Pairing

Die Weinmarke Boschendal gehört der DGB (Pty) Ltd und umfasst das Sortiment Cap Classique, das Sortiment Cecil John Reserve, die Reserve Collection, das 1685 Sortiment sowie die Sortimente Classic und The Pavilion.

Boschendals Philosophie für die Weinherstellung berücksichtigt in erster Linie das überragende Naturerbe des Anwesens. Die Vision besteht darin, Tradition und Erfahrungswerte mit zeitgenössischen Innovationen zu vereinen, um klassische Weine mit Neuer-Welt-Attitüde zu produzieren, die unverwechselbar Boschendal sind. Der Schwerpunkt liegt auf Geschmacksintensität und Mundgefühl, mit gut ausgewogener Eiche, die betont, aber nie überlagert.

Auf Boschendal stehen die engagierten Mitarbeiter in der Rot- und Weißweinherstellung in separaten Kellern für gezielte Fachkompetenz. Lizelle Gerber produziert die Weißweine und den Méthode Cap Classique-Sekt; Thinus Krüger ist für die Rotweine verantwortlich. Dieses dynamische Duo unter der Leitung des DGB Chefwinzers J. C. Bekker erhielt sowohl national als auch international große Anerkennung für die Weine von Boschendal.

*T**he Boschendal wine brand is owned by DGB (Pty) Ltd, and encompasses a Cap Classique range, the Cecil John Reserve range, the Reserve Collection, the 1685 range, and the Classic and The Pavilion ranges.*

Boschendal's winemaking philosophy considers the estate's tremendous natural heritage first and foremost. Their vision is to balance tradition and experience with contemporary innovation, to produce classic wines with modern New World attitude that are uniquely Boschendal. Emphasis is placed on intensity of flavour and mouthfeel, with well-judged oaking that enhances but never overpowers.

At Boschendal, dedicated red and white winemakers in separate cellars allow for focussed expertise. Lizelle Gerber makes the white wines and Méthode Cap Classique sparkling wines; Thinus Krüger is responsible for the red wines. This dynamic duo, with the guidance of DGB's chief winemaker, JC Bekker, has gained local and international recognition for Boschendal's wines.

Die Trauben für den Boschendal Grande Cuvée Brut 2007 wurden für den Chardonnay Anfang Januar 2007 frühmorgens von Hand geerntet, zwei Wochen später folgte dann die Ernte für den Pinot Noir, wobei die ganzen Trauben behutsam und separat gepresst wurden. Nur die ersten 500 Liter Saft pro Tonne Qualitätstrauben wurden extrahiert. Die zweite Fermentierung fand in der Flasche statt und hatte ein sehr feines, zartes Mousse als Ergebnis. Darauf folgte eine 30-monatige Flaschenreifung, die Enthefung und Zugabe einer Dosage. Frische helle Früchte mit einem Hauch von Zitrus werden durch Nuancen von Mandelbiscuits verstärkt. Der lange Hefekontakt führt zu einem vollen und cremigen Mundgefühl mit eleganter Mineralität, guter Ausgewogenheit und einem makellosen Abgang.

The grapes for the Boschendal Grande Cuvée Brut 2007 were hand-picked at dawn in early January 2007 for the Chardonnay, and two weeks later the Pinot Noir was picked and whole bunch pressed separately. Only the first 500 litres of juice per ton of top-quality grapes were extracted. Second fermentation, which occurred in the bottle, resulted in a very fine, delicate mousse. Extended maturation in the bottle for 30 months followed, after which it was disgorged and some dosage added. Fresh bright fruit, with hints of citrus, is supported by nuances of almond biscotti. Extended lees contact gives a full and creamy mouthfeel with elegant minerality, good balance and a seamless finish.

Zutaten / *Ingredients*

Für die Languste
4 x 400 g Languste, 50 g Reismehl, 1 abgeriebene Zitrone, Sesamöl, 2 TL Mirin (süßer Reiswein), Salz, 500 ml pflanzliches Öl zum Braten

Für den Tempura-Teig
100 g Reismehl, 40 ml Eiswasser, Salz, pflanzliches Öl zum Anbraten

Für das Gemüse
4 Stangen Tenderstem-Broccoli,
4 Stangen grüner Spargel

Für den Schaum
100 g abgeschabtes Langustenfleisch, 75 g Ei (ungefähr 1½ ganze Eier), gequirlt, 100 ml Crème Double, ½ abgeriebene Zitrone, Messerspitze Chilipulver, Meersalz

Für die Sauce
Langusten-Karkasse (zerstoßen), 100 ml Vermouth, 200 ml Weißwein, 200 ml Sahne, 1 Lauch (nur der weiße Teil), in feine Scheibchen geschnitten, 1 Stangensellerie, in feine Scheibchen geschnitten, Salz, Koriandersamen, Messerspitze Safran, 5 Sauerampferblätter, entstielt & fein geschnitten in Julienne-Streifen

---

For the crayfish (langouste)
4 x 400 g crayfish, 50 g rice flour, 1 lemon (zested), Sesame seed oil, 2 ts mirin (sweetened rice wine), Salt, 500 ml vegetable oil for deep frying

For the tempura batter
100 g rice flour, 40 ml iced water, Salt, Vegetable oil for frying

For the vegetables
4 spears of tenderstem broccoli,
4 spears of green asparagus

For the mousseline
100 g crayfish meat scrapings, 75 g egg (approximately 1½ whole large eggs), whisked, 100 ml thick cream, ½ lemon (zested), Pinch of chilli powder, Sea salt

For the sauce
Crayfish carcasses (crushed), 100 ml vermouth, 200 ml white wine, 200 ml cream, 1 leek (white part only), cut into fine slices, 1 celery stick, cut into fine slices, Salt, Coriander seeds, Pinch of saffron, 5 sorrel leaves, de-stemmed & finely sliced in julienne strips

Languste Tempura-Art, Broccoli & Spargel mit Langustenschaum & Sauerampfersauce

Tempura-style crayfish, broccoli & asparagus with crayfish mousseline & sorrel sauce

Lebende **Langusten** blanchiert man am besten zwei Minuten in kochendem Salzwasser. Kurz in Eiswasser abschrecken, dann Schwanz und Beine aus ihrem Panzer lösen. Das dicke Ende des Schwanzes gerade abschneiden, und das abgeschnittene Fleisch zusammen mit den abgeschabten Stücken für den Schaum verwenden. Langustenschwänze und -beine eine Stunde lang marinieren, dann auf Küchenpapier trocknen. Kurz vor dem Servieren die Schwänze der Länge nach halbieren. Zusammen mit den Beinen gründlich mit Reismehl bestäuben. Überschüssiges Mehl abschütteln, durch den Tempura-Teig (Reismehl, Eiswasser und Salz zu einem dünnen, glatten Teil vermengt) ziehen und in heißes Öl legen. Zwei Minuten lang anbraten und auf Küchenpapier legen; warmhalten. Eventuell muss man zwei bis drei Schwänze gleichzeitig anbraten, damit das Öl eine stabile Temperatur behält. Der Schaum und die Langusten sollten gleichzeitig fertig werden.

Broccoli-Stiele und den **Spargel** schälen, dann beides der Länge nach halbieren. Kurz vor dem Servieren in einer beschichteten Pfanne mit etwas Sesamöl, Mirin und Zitronensaft anbraten. Mit Salz würzen.

Für den **Schaum** sämtliche Zutaten – einschließlich des Mixbehälters der Küchenmaschine – gut kühlen. Langustenfleisch in den Mixbehälter geben, nach Belieben würzen und vermischen. Nach und nach das Ei und zum Schluss die Crème Double zugeben. Alles durch ein Sieb passieren, wobei die Schaummischung stets kalt sein muss. Vier Soufflé-Förmchen buttern und mit der Schaummischung befüllen; mit Plastikfolie abdecken und bis zur weiteren Verwendung kalt stellen. Backofen auf 135 °C vorheizen. Zum Pochieren die Soufflé-Förmchen in einem 75 °C warmen Wasserbad 12 Minuten lang in den Backofen stellen, bis der Schaum fest geworden ist.

In einer großen Kasserole die Langusten-Karkassen im Backofen braten, bis sie leicht gebräunt sind, dann herausnehmen. Die Kasserole auf den Herd stellen, Vermouth und Weißwein dazugießen und einige Minuten lang kochen lassen, bis der Alkohol verdampft ist. Alle übrigen Zutaten – bis auf den Sauerampfer – hinzufügen, aufkochen und dann 20 Minuten lang bei gelegentlichem Umrühren köcheln lassen; durchsieben. Sauce reduzieren lassen, gegebenenfalls nachwürzen und beiseite stellen.

Vor dem Servieren Schaum aus den Förmchen herausnehmen und auf einem tiefen Teller anrichten. Sauce erhitzen und mit dem Rührstab aufschäumen, dann auf den Tellern verteilen. Sauerampferblätter über die Sauce streuen, Tempura-Langusten und Gemüse anrichten; mit Zitronensaft beträufeln und sofort servieren. Der Sauerampfer sollte auf keinen Fall in der Sauce welk werden, da er seine grüne Farbe sofort verliert.

Live **crayfish** are best blanched two minutes in boiling hot salted water. Refresh in iced water briefly to prevent further cooking, then de-shell the tail and legs, and scrape all the meat from the body. Cut the thick end of the tails straight, and use this off-cut meat together with the scrapings for the mousseline. Marinate the crayfish tails and legs for an hour before drying them on kitchen paper. When almost ready to serve, cut the tails in half lengthwise. Coat these and coat the legs thoroughly with rice flour. Dust off any excess flour, pull through the batter and put into the hot oil. Fry for two minutes and place on kitchen paper; keep in a warm place. You may have to fry two or three tails at a time in order to keep the oil at a stable temperature. Aim to finish both the mousseline and the crayfish simultaneously.

For the **tempura butter** mix all ingredients to a thin, smooth batter.

Peel the stems of the **broccoli** and peel the **asparagus**, then cut both lengthwise in half. In a non-stick pan, sauté both with a touch of sesame seed oil, mirin and lemon juice just before serving. Season with salt.

For the **mousseline** chill all the ingredients, including the bowl from the food processor. Place the crayfish meat into the bowl, season to taste and start the processor, then add the egg slowly and lastly add the cream, a little at a time. Remove and pass through a drum sieve or strainer, keeping the mousseline mix cold at all times. Butter four ramekins and fill them with the mousseline mixture; cover with clingwrap and refrigerate until ready to use. Pre-heat the oven to 135 °C. Place the ramekins in a bain-marie with 75 °C water for approximately 12 minutes in the oven to poach until firm.

In a large casserole, roast the crayfish carcasses in the oven until slightly brown and remove. Place the casserole onto the stove, and add the vermouth and white wine; boil for a few minutes to evaporate the alcohol. Add all other ingredients except the sorrel, bring to the boil and then simmer for 20 minutes stirring occasionally; strain. Reduce the sauce, adjust the seasoning and acidity if necessary, and keep aside.

To serve take the mousseline out of the ramekin and place in a deep plate. Heat and foam the sauce with a hand blender, and spoon onto the plate. Sprinkle the sorrel over the sauce and arrange the tempura crayfish and the vegetables; drizzle with lemon juice and serve immediately. Please note that the sorrel shouldn't wilt in the sauce as it loses its bright green colour immediately.

Boschendal MCC 2007

Der von Natur aus süßliche, nussige Geschmack der Languste harmoniert perfekt mit den Biscotti-Aromen des Weins. Sauerampfer und Vermouth bringen Frische und Säure und begleiten den Schaumwein von der Gaumenmitte bis zum Abgang.

The crayfish' naturally sweet, nutty aroma pairs beautifully with the biscotti flavours in the wine. The sorrel and the vermouth bring freshness and acidity, to carry the sparkling wine from the mid-palate through to the finish.

Delaire Graff Estate besitzt einen der fortschrittlichsten, best-ausgestatteten Weinkeller der südlichen Hemisphäre: Modernste Techniken und Technologien gewährleisten, dass Weltklasse-Standards zu jeder Zeit eingehalten werden können.

Delaire Graff Estate boasts one of the most advanced, well-equipped cellars in the southern hemisphere, with all the latest techniques and technology incorporated, ensuring that world-class standards are constantly maintained.

Delaire ist ein Hort der
Kunst – nicht nur in
der Weinherstellung,
sondern auch für Malerei
und Skulpturen.

*Delaire is a stronghold of
art – not only their wines,
but also their collection of
sculptures and paintings.*

Das Anwesen
The Estate

Die französischen Hugenotten landeten 1688 am Kap und unternahmen eine gefährliche Gebirgsüberquerung über den Helshoogte Pass in das abgelegene Tal, das ihnen von der Dutch East India Company zugeteilt worden war. Delaire Graff Estate liegt auf dem Bergrücken dieses Passes, auf den Abhängen von Botmaskop. Der ursprüngliche Name lautete Bootmanskop, was soviel heißt wie Berggipfel der Schiffsleute, da er einst als Aussichtspunkt benutzt wurde, von dem aus man die Schiffe beobachten konnte, die in den Hafen von Table Bay einfuhren. Sobald der Wachposten ein Signal gab, wussten die Farmer von Franshhoek (Französische Ecke), dass sie jetzt ihre Waren zum Hafen karren mussten. Diese französischen Siedler brachten fundierte Kenntnisse mit, die sie in den Bereichen Weinbau und Weinproduktion im Lauf der Jahrhunderte gesammelt hatten.

2003 erwarb Laurence Graff das Anwesen und begann mit einem Sanierungsprogramm. Heute sind die Umbauarbeiten abgeschlossen: Es entstanden ein ultramoderner Weinkeller, eine elegante Wein-Lounge, zwei herausragende Restaurants, exklusive Lodges, ein Destination Spa sowie zwei Luxusboutiquen.

*T*he French Huguenots landed in the Cape in 1688, and made a perilous mountain crossing over the Helshoogte Pass to the remote valley they had been allocated by the Dutch East India Company. Delaire Graff Estate is situated on the crest of this pass, on the slopes of Botmaskop. Originally named Bootmanskop, meaning Boatman's Peak, it was once used as a lookout point for ships entering Table Bay harbour. When the sentry gave his signal, the Franshhoek (French Corner) farmers would know to begin carting their produce to the harbour. These French settlers brought with them a sound knowledge of viticulture and the art of winemaking, fostering a tradition that has grown in strength through the centuries.

In 2003, Laurence Graff bought the property and embarked on a redevelopment programme. Today, with an ultra-modern winery and an elegant wine lounge, two outstanding restaurants, exclusive lodges and a destination spa, as well as two luxury boutiques, the transformation is complete.

Das Weingut, die Gärten & die Kunstsammlung

Winery, Gardens & Art Collection

Das Grundstück von Delaire Graff Estate wurde vom Star-Gartenbauarchitekten und mehrfachen Goldmedaillengewinner bei der Chelsea Flower Show Keith Kirsten entworfen und landschaftlich gestaltet. Dank seiner umfassenden Kenntnisse der afrikanischen Flora gelang es Kirsten, eine spektakuläre Gartenanlage zu kreieren, die 365 Tage im Jahr blüht – eine bemerkenswerte Besonderheit in sich, gleichzeitig aber auch Kulisse für die auf dem Anwesen anzutreffende Kunst, die Architektur und Atmosphäre. Im Zuge der Sanierungsmaßnahmen auf dem Anwesen wurden über 300 neue, meist einheimische, Blumen, Sträucher und Bäume gepflanzt.

Bei einem Spaziergang über die ästhetisch äußerst ansprechenden Anlagen des Guts können die Besucher außerdem eine sehenswerte Sammlung südafrikanischer Gemälde und Skulpturen, wie beispielsweise von Sydney Kumalo, Dylan Lewis, Fred Schimmel, Ndikhumbule Ngqinambi, Stephane Graff und William Kentridge betrachten, darunter auch eine seltene Gemeinschaftsarbeit von Kentridge, Robert Hodgins und Deborah Bell. Deren spektakuläre Wasserinstallation bestimmt den Eingangsbereich des Hotels.

The grounds of Delaire Graff Estate were designed and landscaped by Keith Kirsten, a celebrity horticulturalist, and multi gold-medal finalist at the Chelsea Flower Show, whose expansive knowledge of African flora enabled him to create a spectacular display that blooms 365 days a year – both a feature in itself, as well as a backdrop to the estate's art, architecture and ambience. In the redevelopment of the estate, over 300 new and mainly indigenous plants, shrubs and trees were planted.

Walking through the aesthetically stimulating spaces and grounds on the estate enables visitors to view an acclaimed collection of South African paintings and sculptures from the likes of Sydney Kumalo, Dylan Lewis, Fred Schimmel, Ndikhumbule Ngqinambi, Stephane Graff and William Kentridge, including a rare collaboration between Kentridge, Robert Hodgins and Deborah Bell, whose spectacular water installation is the main feature of the hotel reception area.

Die Menschen
Personalities

LAURENCE GRAFF

Besitzer und Visionär des Delaire Graff Estate ist der aus London stammende Laurence Graff, Gründer und Vorsitzender von Graff Diamonds International Ltd, ein Unternehmen, das vor fast 50 Jahren gegründet wurde und heute zu den weltweit führenden Herstellern von Diamantschmuck zählt. Sein erstes Ladengeschäft eröffnete Graff 1993 in England, mittlerweile besitzt er weltweit 34 Geschäfte, darunter in den Vereinigten Staaten, Europa, Russland, im Mittleren Osten, China und Japan. Er leitet außerdem die South African Diamond Corporation mit Büros in Johannesburg, Botswana, Belgien, New York und auf Mauritius. Das Unternehmen schneidet und schleift jährlich Zehntausende Diamanten. Der Graff Diamantschmuck hingegen wird von hochqualifizierten Goldschmieden im Firmenhauptsitz in London Mayfair hergestellt. Im Lauf der Jahre sind die märchenhaftesten und begehrtesten Edelsteine und Diamanten der Welt durch seine Hände gegangen.

Laurence Graff engagiert sich für wohltätige und humanitäre Zwecke und unterstützt mehrere gemeinnützige Organisationen wie beispielsweise den Nelson Mandela's Children's Fund, ARK und Elton John's Aids Foundation. Er gründete außerdem FACET (For Africa's Children Every Time), eine Wohltätigkeitsorganisation zur Beschaffung von Geldern für die Ausbildung, Gesundheit und das Wohlergehen von Kindern in den afrikanischen Ländern, aus denen er seine Edelsteine bezieht.

*L*ondon-born Laurence Graff, the owner and visionary behind the Delaire Graff Estate, is the founder and chairman of Graff Diamonds International Ltd, a company he started nearly 50 years ago, and one of the leading diamond jewellery companies in the world. Since opening the first Graff boutique in the UK in 1993, he now has 34 stores globally including in the United States, Europe, Russia, the Middle East, China and Japan. He also controls The South African Diamond Corporation, which has offices in Johannesburg, Botswana, Belgium, Mauritius and New York. The company cuts and polishes tens of thousands of diamonds every year, while the Graff jewellery is made by highly skilled craftsmen at the company headquarters in London's Mayfair. Over the years, he has handled the most fabulous and treasured gemstones and diamonds in the world.

Laurence Graff is committed to philanthropic and humanitarian causes, and supports several charities, including the Nelson Mandela's Children's Fund, ARK and Elton John's Aids Foundation. He also established FACET (For Africa's Children Every Time), a charity devoted to raising money for the education, health and welfare of children in the countries of Africa from where he gets many of his stones.

Die Weine
The Wines

Kulinarische Weinbegleitung
Wine Pairing

Delaires bergiges Anbaugebiet, die langen, kühlen Winter und die langsame Reifeperiode bringen edle, charaktervolle Weine hervor. Das Sortiment umfasst reinsortige Abfüllungen von Chardonnay, Chenin Blanc, Sauvignon Blanc, Cabernet Sauvignon, Merlot und Shiraz. Außerdem im Angebot: ein Cabernet Franc Rosé, eine Semillon-Sauvignon Blanc-Mischung, eine Rotweinmischung auf Bordeaux-Basis, Botmaskop, ein Noble Late Harvest und ein Cape Vintage Port.

Für diese preisgekrönten Weine ist eine gekonnte und einfühlsame Produktion Vorraussetzung. Winzer Morné Vrey, der sowohl auf nationaler als auch internationaler Ebene weitreichende Erfahrung sammeln konnte, erklärt, dass Delaire kräftig strukturierte Rotweine mit weichen Tanninen und Eleganz anstrebt, während die Weißweine die Frische der Ernte einfangen sollen.

***D**elaire's mountainous terroir, together with long cool winters and a slow ripening season, produces noble, expressive wines. The range features single-varietal bottlings of Chardonnay, Chenin Blanc, Sauvignon Blanc, Cabernet Sauvignon, Merlot and Shiraz. There's also a Cabernet Franc Rosé, a Semillon-Sauvignon Blanc blend, a Bordeaux-style red blend, Botmaskop, a Noble Late Harvest and a Cape Vintage Port.*

Skilled and sensitive winemaking is evident in these award-winning wines. Winemaker Morné Vrey, who has gained considerable experience both locally and internationally, explains that Delaire aims for red wines that are big in structure, with soft tannins and elegance, while the white wines must capture the freshness of the harvest.

2009 war ein außergewöhnlicher Jahrgang für Rotweine. Die Trauben für den Delaire Botmaskop 2009, einer Mischung aus 61 % Cabernet Sauvignon, 18 % Cabernet Franc, 8 % Petit Verdot, 7 % Shiraz und je 3 % Malbec und Merlot, werden frühmorgens von Hand gepflückt, und zwar sowohl in den Gebirgs-Weinbergen von Delaire als auch in anderen hochgelegenen Weinbergen der Region. Dann werden sie gründlich sortiert.
Die Trauben werden nur entbeert, nicht gequetscht, damit die Fruchtaromen sanft extrahiert werden können. Diese Methode wird während der Gärung angewendet. Nachdem der Wein in der Korbpresse war, wandert er für die Apfelmilchsäuregärung in französische Eichenfässer, wo er weitere 18 Monate reift. Die kräftige, aber dennoch elegante und gepflegte Mischung auf Bordeaux-Basis mit ihren klassischen Aromen von dunklen Beeren, Gewürzen und Cassis, weist weiche Tannine und eine sehr schön ausgewogene Struktur auf.

Vintage 2009 was an exceptional year for red wines. The grapes for the Delaire Botmaskop 2009, a blend of 61 % Cabernet Sauvignon, 18 % Cabernet Franc, 8 % Petit Verdot, 7% Shiraz, and 3 % each of Malbec and Merlot, were hand-picked in the early morning from a combination of Delaire mountain vineyards and other high-altitude vineyards in the Stellenbosch district, and extensively sorted. The grapes were only de-stemmed, not crushed, to ensure gentle extraction of fruit flavours. This method was followed during fermentation and supported by punch downs. After basket pressing the wine, it went into French oak barrels where malolactic fermentation took place, followed by maturing for a further 18 months. This powerful, yet elegant and polished Bordeaux-style blend with its classical aromas of dark berry fruit, spice and cassis, has soft tannins and a beautifully balanced structure.

Für die Kalbskoteletts

4 Kalbskoteletts, 30 ml pflanzliches Öl zum Braten,
50 g Butter zum Braten, 1 EL gehackter Salbei,
Salz & frisch gemahlener schwarzer Pfeffer

Für die Safrankartoffeln

6 mittelgroße Kartoffeln, 30 g Butter, ½ TL Safran-
fäden, 2 kleine Zwiebeln, in Würfel geschnitten,
2 Lorbeerblätter, 2 Salbeizweige, 100 ml Weißwein,
200 ml Gemüsefond

Für die Pilze und die Garnierung

8 mittelgroße Steinpilze, gebürstet, 2 Zucchini, längs in
Streifen geschnitten, 40 g Butter, Salz, 4 Salbeienden

Für die Sauce

100 ml guter Kalbsfond (am besten selbst gemacht),
1 EL Weißmohn, 100 ml portweinähnlicher Rotwein

For the veal

*4 veal cutlets, 30 ml vegetable oil for frying,
50 g butter for frying, 1 Tb chopped sage,
Salt & freshly ground black pepper*

For the saffron potatoes

*6 medium potatoes, 30 g butter, ½ ts saffron threads,
2 small onions (diced), 2 bay leaves, 2 sage stalks,
100 ml white wine, 200 ml vegetable stock*

For the mushrooms & garnish

*8 medium porcini mushrooms, wiped clean 2 zucchini
(cut lengthwise in slices), 40 g butter, Salt, 4 sage tops*

For the sauce

*1 Tb white poppy seeds, 100 ml red port-style wine,
100ml good-quality veal stock (preferably homemade)*

Kalbskotelett mit Safrankartoffeln, Steinpilzen & Zucchini & Weißmohnsauce

Veal cutlet with saffron potatoes, porcini mushrooms & zucchini & a white poppy seed sauce

Koteletts mit Salz und Pfeffer würzen und in einer großen Pfanne von allen Seiten anbraten, bis sie braun sind; dann auf ein Backblech legen. Je nach Größe der Pfanne können ein oder zwei Koteletts gleichzeitig gebraten werden, die Herdeinstellung sollte dabei ziemlich hoch sein. 25 Minuten bzw. bis die Koteletts medium sind, bei 130 °C im Backofen braten. Fleisch herausnehmen, sobald es fertig gegart ist, und warm halten.

Safran in Weißwein einlegen, um Farbe und Aroma herauszuziehen. **Kartoffeln** schälen und halbieren, waschen und trocknen. In einer Deckelpfanne Butter erhitzen, Zwiebeln hinzufügen und leicht braun andünsten, danach die Kartoffeln hinzugeben. Salzen und kurze Zeit mitdünsten, dann mit Weißwein ablöschen. Kochen, bis der Alkohol verdampft ist, dann die übrigen Zutaten hinzugeben. Deckel auf die Pfanne legen und bei geringer Hitze 10 Minuten lang in den Backofen stellen, bevor die Kalbskotcletts dazugegeben werden. Auf diese Weise sind diese beiden Bestandteile des Gerichts gleichzeitig fertig. Unbedingt kontrollieren, ob die Kartoffeln auch gar sind.

Pilze und Zucchini anbraten, während das Fleisch und die Kartoffeln im Backofen garen.

Für die Sauce **Weißmohn** bei geringer Hitze in dem portweinähnlichen Rotwein kochen, bis er weich ist. Fond hinzugießen und zum Kochen bringen. Gegebenenfalls nachwürzen und etwas Speisestärke zum Binden hinzufügen.

Vor dem Servieren Kartoffeln wieder auf den Herd stellen und den restlichen Fond reduzieren, bis er glasig wird und sie vollständig überzieht. Alle Speisekomponenten auf den Tellern anrichten. Mit Salbei garnieren, mit Sauce beträufeln und servieren.

Season the **cutlets** with salt and pepper and fry on all sides in a large pan until brown, then place on an oven tray. You can fry one or two at a time, depending on the size of your pan, making sure you keep the heat fairly high. Place in the oven at 130 °C for about 25 minutes or until medium. Remove the veal as soon as it is ready and keep in a warm place.

Soak the saffron in the white wine to extract colour and aroma. Peel the **potatoes** and cut in half, rinse and dry. In a pan that has a lid heat up the butter, add the onions and sweat until slightly brown, then add the potatoes. Season them with salt and sweat for a few moments, before adding the white wine. Boil until the alcohol evaporates and add the remaining ingredients. Put the lid on and place in the oven on a lower level 10 minutes before you put the veal cutlets in. This way these two components of the dish should be finished at the same time. Check the potatoes to make sure that they are cooked thoroughly.

Fry the **mushrooms** and the zucchini while your meat and potatoes are cooking in the oven.

For the sauce boil the **poppy seeds** in the red port-style wine over a slow heat until soft. Add the stock and bring to the boil. Adjust seasoning and texture by adding a little cornstarch if necessary.

To serve place the potatoes back on the stove and reduce the remaining stock until it glazes and thoroughly coats them. Arrange all the components on the plate. Garnish with sage, drizzle with sauce and serve.

Delaire Botmaskop 2009

Das Kalbfleisch mit seinen unterschiedlichen Geschmacksnuancen und Aromen harmoniert sehr gut mit dem roten Botmaskop-Verschnitt. Da sich der Wein aus sechs unterschiedlichen Rebsorten zusammensetzt, muss das Gericht mit der gleichen Anzahl an Texturen und Nuancen dagegenhalten, um sich behaupten zu können.

The veal, with its diverse flavours and aromas, pairs well with the Botmaskop red blend. Since the wine comprises six different varieties, the dish needs an equal amount of textures and nuances to confirm its presence.

dornier
WINES

Dornier

»Unsere drei kleinen Sortimente aus erlesenen Weinen zeigen das Potenzial und den Charakter unserer Böden und unseren individuellen Stil. Mit der Unterstützung unseres engagierten Teams möchten wir uns von Jahrgang zu Jahrgang verbessern, stets mit Blick auf unsere Tradition bestehend aus Kreativität, Innovationsfähigkeit und Perfektion.«

»Our three small ranges of unique wines showcase the potential and character of our soils as well as our individual style. With the support of our dedicated team we strive to improve from vintage to vintage based on our tradition of creativity, innovation and perfection.«

Das Anwesen
The Estate

Das von der Familie Dornier betriebene Weingut liegt umgeben von den Stellenbosch- und Helderberg-Bergen mitten im Blaauwklippen-Tal. Es wurde 1995 von dem deutschen Künstler Christoph Dornier gegründet, der zu den ersten Ausländern gehörte, die in die südafrikanische Weinindustrie investierten, nachdem das Land im Jahre 1994 zu einer friedlichen Demokratie wurde. Er war fasziniert von der Mystik, die den Wein umgibt, seinem Symbolgehalt und seiner Schönheit. 14 Jahre lang arbeitete er an seiner Vision, stets unterstützt von seinen Kindern. Heute leitet Christophs Sohn Raphael das Dornier-Unternehmen.

Christoph war der jüngste Sohn des in Bayern geborenen Flugzeugkonstrukteurs Claude Dornier, der seinerseits der Sohn eines französischen Weinimporteurs und dessen deutscher Ehefrau war. Der Original-Propeller der Dornier Merkur, mit der der Schweizer Luftfahrtpionier Walter Mittelholzer in 77 Tagen von der Schweiz über den afrikanischen Kontinent bis nach Kapstadt flog (es war die erste Afrika-Überquerung in einem Wasserflugzeug), ist in der internationalen Abflughalle des Kapstadter International Airport ausgestellt.

Der Name Dornier lässt sich bis ins 13. Jahrhundert in die Franche-Compté, einer ehemals unabhängigen Region im Osten Frankreichs, zurückverfolgen: Die direkten Vorfahren der Familie Dornier stammen aus dem kleinen Dorf Arcon im Gebiet Rhône-Alpes, nur wenige Kilometer von der Schweizer Grenze entfernt.

Das Weingut der Dorniers besitzt von altersher tiefe, sehr komplexe Böden, die für den einzigartigen Charakter der Dornier-Weine entscheidend mitverantwortlich sind – genauso wie die Höhenunterschiede in den Weinbergen, die zwischen 100 und 200 Meter über dem Meeresspiegel liegen. Die Vielzahl an Aspekten trägt zur Vielfalt des Weinguts bei – und die hohen Berggipfel fangen die frische Brise des nahe gelegenen Ozeans ein, verzögern somit den Reifeprozess und schaffen intensive Geschmackskomponenten. Es wird Wert auf verschiedene Weinbautechniken gelegt, um das volle Potenzial dieser Böden auszuschöpfen.

Surrounded by the Stellenbosch and Helderberg mountains in the Blaauwklippen Valley, family-owned Dornier Wines was founded in 1995 by German artist Christoph Dornier, who was among the very first foreigners to invest in the South African wine industry after the country became a peaceful democracy in 1994. He loved the mystical aspect of wine, its symbolism and beauty. For 14 years he worked on his vision, supported by his children. Today, Christoph's son Raphael runs Dornier.

Christoph was the youngest son of Bavarian-born aircraft designer Claude Dornier, who was in turn the son of a French wine importer and his German wife. The original propeller of the Dornier Merkur that Swiss aviation pioneer Walter Mittelholzer flew from Switzerland across the African continent to Cape Town in 77 days, the first crossing of Africa in a seaplane, is exhibited in the international departure hall of the Cape Town International Airport.

The name Dornier can be traced back to the 13th century in Franche-Compté, a formerly independent region in eastern France, and the Dornier family can trace its direct ancestors to the small village of Arcon in Rôhne-Alpes, a few kilometres from the Swiss border.

Dornier is situated on ancient deep, complex soils that play a vital role in imparting Dornier's wines with their unique character, as does the range in altitude of the vineyards – from 100 to 200 metres above sea level. The multitude of aspects adds to vineyard diversity, and the high mountain peaks trap the cool breezes from the nearby ocean to slow the ripening and create intense flavour compounds. There is a strong focus on viticultural practices to achieve the full potential of these soils.

Wildnis, Weinkultur und Design wechseln sich ab und bilden hier im Blaauwklippental dennoch eine harmonische Einheit.

Wildernis, wine growing and design alternate, and yet form a harmonious unit here in the Blaauwklippen Valley.

Rundherum gelungen, vielseitig und beliebt: das Restaurant »Bodega« von Dornier.   *All around successful, varied and popular: the Dornier »Bodega« restaurant.*

Weingut & Architektur
Winery & Architecture

Mittelpunkt ist das von Christoph Dornier entworfene und 2003 eröffnete Weingut. Die plastische Form des loftartigen Gebäudes mit seinem geschwungenen Dach, das Sichtmauerwerk und das reflektierende Material, das zum Bau verwendet wurde, verschmelzen mit der Umgebung und spiegeln die Gestalt des dahinterliegenden Stellenbosch Mountain wider. So eindrucksvoll diese Optik auch sein mag, der Weinkeller bleibt jedoch in erster Linie eine funktionale Produktionsstätte. Die Stahlbehälter sind an der Decke aufgehängt, damit die an der Weinherstellung beteiligten Mitarbeiter in der kritischen Phase gegen Ende der Gärung besonders behutsam mit dem Wein umgehen können: Unbedachtes Handling könnte unerwünschte Tannine freisetzen. Alles ist bis ins kleinste Detail darauf ausgelegt, den Produktionsvorgang zu unterstützen.

Der Dornier-Weinkeller stellt einen zeitgenössischen Kontrast zu den historischen Gebäuden des Anwesens her – eine Scheune aus dem 18. Jahrhundert, in der jetzt das Restaurant »Bodega« und der Raum für Verkostungen untergebracht sind und von deren großzügiger Terrasse man einen wundervollen Bergblick genießen kann – und das von Sir Herbert Baker entworfene Gehöft, in dem sich sechs gut ausgestattete Gästezimmer befinden.

2005 wurde Dornier Wines vom Great Wine Capitals Global Network als eines von weltweit fünf Weingütern für den nationalen Architekturpreis der Best of Wine Tourism Awards nominiert.

Central to Dornier is the winery, designed by Christoph Dornier and opened in 2003. The sculptural shape of the loft-style building with its curved roof, and the face brick and reflecting materials used to build it, blend into the surroundings, mirroring the shape of the Stellenbosch Mountain behind it. Visually stunning as it may be, the cellar remains first and foremost a functional production site. Steel tanks are suspended from the ceiling to allow the winemaker and cellar team to work sensitively with the wine in its critical phase at the end of fermentation, as rough handling could release undesired tannins, and every last detail has been designed to aid the production process.

Dornier's cellar adds a contemporary contrast to the historic buildings on the property – an 18th-century barn, which now houses the popular »Bodega« restaurant. and the tasting room, and offers panoramic mountain views from its spacious terrace; and the Sir Herbert Baker-designed homestead, which provides accommodation in six well-appointed rooms.

In 2005, Dornier Wines was selected by the Great Wine Capitals Global Network as one of five wine estates worldwide to win a national award for architecture in their Best of Wine Tourism Awards.

Die Menschen
Personalities

**RAPHAEL
DORNIER**

Raphael Dornier, der jetzige Geschäftsführer von Dornier Wines, wurde in München, Deutschland, geboren und wuchs in der Schweiz auf, wo er auch den größten Teil seiner Schul- und Universitätsausbildung absolvierte. Raphael besitzt einen Doktortitel in Wirtschaftswissenschaften und ist Chartered Financial Analyst (CFA).

Sein beruflicher Hintergrund umfasst Marketing, Projektmanagement, Unternehmensstrategie, Finanzen sowie Vermögensverwaltung in vier verschiedenen Ländern: All das hat ihn dazu befähigt, den familieneigenen Winzereibetrieb zu neuem Erfolg zu führen.

Auf das Vermächtnis seines Vaters aufbauend, verbessern Raphael und seine Frau Franziska mit ihrer gemeinsamen Leidenschaft und ihren frischen, neuen Ideen unablässig ihren einzigartigen Besitz, auf dem sie mit ihren drei Kindern leben. Sie waren die Triebfeder bei der Eröffnung des »Bodega«-Restaurants im Jahre 2007 – das köstliche Brot, das man dort bekommt, wird nach einem alten schweizer Originalrezept von Franziska gebacken – und beim Umbau des historischen Gehöfts in ein Gästehaus.

*R*aphael Dornier, now the full-time managing director at Dornier Wines, was born in Munich, Germany and grew up in Switzerland, where he underwent most of his school and university education. Raphael holds a PhD in Economics and is a Chartered Financial Analyst (CFA).

His professional background includes marketing, project management, business strategy, finance, and asset management in four different countries, all of which have equipped him to take this family wine business to new heights.

Building on his father's legacy, Raphael and his wife Franziska, with their combined passion and fresh, new ideas, continuously enhance this prime property, where they live with their three children. They were instrumental in opening the »Bodega« Restaurant in 2007 – the delicious bread served there is baked according to Franziska's original old Swiss recipe – and renovating the historical homestead into a guesthouse.

Dornier Wines stellt drei Sortimente her: das »Aushängeschild« Donatus, Dornier und Cocoa Hill. Die charakteristische Handschrift steht für Eleganz und Frische. Die international erfahrene Winzerin Jeanine Faure ist seit neuestem Mitglied des Weinkellerei-Teams.

Der Weinbau erfolgt nach neuesten Erkenntnissen und Methoden und unter Berücksichtigung der einheimischen Flora und Fauna des Weinguts. Dornier ist seit 2006 Mitglied der Biodiversity and Wine Initiative und damit Verfechter eines nachhaltigen Umgangs mit landwirtschaftlich genutzen Flächen. Die Weine tragen außerdem das Integritäts- und Nachhaltigkeitssiegel (Integrity and Sustainability Seal). Das vom South African Wine and Spirit Board verliehene Siegel garantiert die auf dem Weinetikett vermerkte Herkunft, Rebsorte und den Jahrgang. Außerdem steht das Siegel dafür, dass der Wein den Kriterien der IPW (Integrated Production of Wine) entspricht. Südafrika ist weltweit führend in nachhaltiger Produktionsweise.

*D*ornier Wines produces three ranges: the flagship Donatus, Dornier and Cocoa Hill. The signature style is all about elegance and freshness. Internationally experienced winemaker Jeanine Faure recently joined the cellar and vineyard team.

Winegrowing is done using the latest methods, and with consideration for the indigenous flora and fauna on the farm. Dornier has been a member of the Biodiversity and Wine Initiative since 2006, thereby adhering to sustainable management of agricultural land principles. The wines also bear the Integrity and Sustainability Seal. Awarded by the South African Wine and Spirit Board, this seal guarantees the origin, vintage and variety as stated on the wine label, as well as that the wine complies with Integrated Production of Wine (IPW) criteria. South Africa is a global leader in sustainable production.

Die Weine
The Wines

Kulinarische Weinbegleitung
Wine Pairing

Die Reben für den Dornier Donatus Weiß 2010, ein Blend aus 74 % Chenin Blanc und 26 % Semillon, stammen aus Stellenbosch und dem Swartland. Jeder Posten wird langsam und getrennt in neuen bzw. zum zweiten Mal gefüllten französischen Eichenfässern fermentiert, um die Frische und Fruchtqualität zu erhalten.Danach reift er weitere acht Monate auf der Feinhefe im Fass und erhält dadurch Fülle und Komplexität. Der brillante, golden gefärbte Blend bietet eine Vielzahl an Geschmacksrichtungen – von Pfirsich, Birne und Orangenschale bis hin zu Geißblatt und gerösteten Nüssen. Der Geschmack ist reich an Primär- und Sekundäraromen, mit samtiger Textur und mit Gewicht am Gaumen. Mineralische Bestandteile gepaart mit harmonischer Säure sorgen für einen anhaltend frischen Nachgeschmack.

The grapes for the Dornier Donatus White 2010, a blend of 74 % Chenin Blanc and 26 % Semillon, were sourced from Stellenbosch and the Swartland. Each batch was slowly fermented separately in new and second-fill French oak to maintain freshness and fruit quality, then spent a further eight months on their fine lees within barrel, adding fullness and complexity. This brilliant yellow-tinged blend offers a full array of flavours, from peach, white pear and orange zest to nuances of honeysuckle and roasted nuts. The palate is rich and abundant in primary and secondary flavours, along with a luscious texture and mid-palate weight. Elements of minerality combine with the harmonious acidity, leaving a lasting fresh aftertaste.

Für die Blätterteigkörbchen mit Mozzarella
4 Kugeln Burrata-Mozzarella, 2 Scheiben Blätterteig,
30 g zerlassene Butter

Für den Kirschtomatensalat
30 Kirschtomaten (rote & gelbe), 2 EL Balsamico-Essig, ½ TL grobes Meersalz & gemahlener Pfeffer, eine Hand voll Basilikumblätter zur Garnierung, kleiner Bund Lavendelblüten zur Garnierung

Für das Basilikumöl
100 g Basilikumblätter, 200 ml Olivenöl

For the phyllo baskets with mozzarella
4 balls burrata mozzarella, 2 sheets phyllo pastry, 30 g butter (melted)

For the baby tomato salad
30 baby tomatoes (red & yellow), 2 Tb balsamic vinegar, ½ ts coarse sea salt & ground pepper, Handful of basil leaves, to garnish, Small bunch of lavender flowers, to garnish

For the basil oil
100 g basil leaves, 200 ml olive oil

Chef de cuisine Neil Norman.

Burrata-Mozzarella in knusprigem Blätterteig-körbchen mit Kirschtomatensalat

Burrata mozzarella in a crunchy phyllo basket with baby tomato salad

Die **Blätterteigscheiben** in 10 cm große Quadrate zuschneiden und mit einem Backpinsel mit der zerlassenen Butter bestreichen. Jeweils zwei Scheiben übereinander legen und in vier Tassen von der Größe eines Muffin-Backförmchens drücken, um Körbchen zu formen. Bei 180 °C einige Minuten lang backen, bis die Körbchen braun und knusprig sind. Aus dem Backförmchen entnehmen und abkühlen lassen. Mozzarella-Kugeln kurz vor dem Servieren halbieren und zwei Hälften in jedes Blätterteigkörbchen legen. So wird die cremige Stracciatella-Füllung des Burrata-Mozzarellas sichtbar.

Kirschtomaten halbieren und in Olivenöl, Balsamico-Essig, Meersalz und Pfeffer marinieren. Das Meersalz verleiht der Vorspeise etwas »Biss«, während der Mozzarella sehr weich und mild ist.

Dieser Schritt kann gut im Voraus zubereitet werden. **Basilikumblätter** waschen und trocknen. Mit dem Stabmixer mit etwas Olivenöl vermischen, bis die Mischung homogen ist, dann das restliche Öl zugießen. Eine Stunde lang ziehen lassen, damit der Geschmack sich entwickeln kann, dann durch ein feines Sieb oder Musselintuch passieren. Zurück bleibt ein grün gefärbtes Öl, das sich ideal zur Garnierung bzw. Geschmacksverstärkung von Salaten und kalten Saucen eignet.

Vor dem Servieren die Blätterteigkörbchen mit der Mozzarellafüllung in der Mitte von vier Tellern platzieren. Kirschtomaten, einige frische Basilikumblätter und Lavendelblüten um die Körbchen herum dekorieren und fertig ist eine farbenfrohe, leichte und appetitanregende Vorspeise. Zum Schluss mit Basilikumöl übergießen.

Cut the **phyllo pastry** in 10 cm squares and cover thoroughly with the melted butter using a pastry brush. Fit two sheets at an angle on top of each other and place in four cups of a muffin-sized mould to shape baskets. Bake at 180 °C for a few minutes until brown and crispy. Remove from the mould and leave to cool. Cut the mozzarella balls in half just before serving and place two halves into each phyllo baskets. That way you can see the burrata's creamy stracciatella filling.

Cut the **baby tomatoes** in half and marinate with olive oil, balsamic, sea salt and pepper. The sea salt adds a nice texture to the dish with the mozzarella being soft and smooth.

This step can easily be done in advance. Wash and dry the **basil leaves**, and blend with a little olive oil using a hand blender until fine before adding the remaining oil. Leave it for one hour to extract its flavours and then pass it through a fine sieve or muslin cloth. This will leave you with a green-coloured but clear oil, which is ideal for garnishing or adding flavours to salads and cold dressings.

To serve place the phyllo baskets filled with mozzarella in the middle of four plates. Surrounded with the baby tomatoes, some fresh basil leaves and lavender flowers, this makes a very colourful, light and appetising starter. Finish with basil oil.

Dornier »Donatus« white Chenin / Shiraz 2009

Der ungewöhnliche weiße Cuvée mit seinen warmen, vollen und reifen Aromen bei trotzdem guter Säure vermittelt ein mediterranes Feeling. Aufgrund ihrer Ähnlichkeit bei Textur, Aroma und Herkunft harmonieren die Tomaten und der weiche Mozzarella gut damit.

This unusual white cuvee has a Mediterranean feel with warm, rich and ripe flavours, yet good acidity. Tomatoes and soft mozzarella are paired based on similarity in texture, aroma and origin.

Fable

»Mein Ziel ist es, die dem Weingut innewohnenden unglaub-
lichen Vorzüge auf die nächste Stufe zu heben, damit die
Fable Weine ihr volles Potenzial zeigen können«, so Charles.

*»I am aiming to take the already incredible inherent assets of
this property to the next level in order for the Fable wines to
reach their full potential«, states Charles.*

Das Anwesen
The Estate

Fable liegt im abgelegenen Tulbagh Valley. Die Weinberge befinden sich auf Schieferboden, in einer Landschaft, die von klaren, blauen Seen übersät ist. Sie wurden auf Westhängen angelegt, die sich in die Ausläufer der alles überragenden Witzenberg Mountains schmiegen, dort, wo Felsenbussarde ihre Kreise ziehen und Paviane spielen.

Ein nachhaltiges Konzept bedeutet, dass man hier dem Boden ganz besondere Aufmerksamkeit schenkt: Es wird darauf geachtet, dass die Wurzeln der Rebstöcke tief ins Bodenprofil wachsen, wo die Geologie den Reifungsprozess der Trauben beeinflusst. Dadurch erhalten die Weine eine unverwechselbare Geschmackstiefe und -konzentration. In der Biodynamik werden Weinberge und Weinherstellung als integriertes und dynamisches Ganzes betrachtet. Auf Fable werden die Abläufe der Weinproduktion so terminiert, dass sie zeitlich mit dem Planetenrhythmus zusammenfallen, was den Weinen Ausgewogenheit und eine dezente Komplexität verleiht.

Früher befand sich das Weingut im Besitz der Briten George Austin und Jason Scott, heute ist der Amerikaner Charles Banks der Eigentümer.

__F__able is situated in the secluded Tulbagh Valley. The vineyards are planted in deep shale soils of land dotted with clear blue lakes on westward facing slopes tucked into the foothills of the towering Witzenberg mountains, where jackal birds circle overhead and baboons play.

A sustainable approach means that they take extra special care of the soil, encouraging the vine roots to grow deep in the soil profile, where the geology has influence over the ripening of the grapes. This gives their wines a depth and concentration of flavour that is unmistakably their own. Biodynamics also views the vineyard and winemaking process as an integrated and dynamic whole, and their winemaking process is timed to coincide with the rhythms of the planets, which helps bring balance and subtle complexity to the wines.

Previously owned by Britons George Austin and Jason Scott, the farm is now owned by Charles Banks, an American.

Das Weingut
Winery

In Fables erst kürzlich erweitertem und umgerüstetem Weinkeller können ungefähr 180 Tonnen Rotwein- und 70 Tonnen Weißweintrauben verarbeitet werden. Die Rotweine, die teilweise mittels Schwerkraft bearbeitet werden, gären in Open-Top-Gärbehältern aus Beton, Zweitonnen-Rollfermentoren aus Edelstahl und offenen 500-Liter-Holzfässern. Alle Rotweine werden behutsam von Hand eingetaucht, und viele der in den 500-Liter-Fässern hergestellten Weine durchlaufen eine vier- bis sechswöchige Quellzeit, nach dem die Fermentierung abgeschlossen ist. Sämtliche Rotweine werden in einer der beiden Korbpressen gepresst und reifen 24 Monate lang in dem neuen unterirdischen Weinkeller in einer Kombination aus alten und neuen 500-Liter-Eichenfässern.

Die Ganztraubenpressung der Weißweintrauben erfolgt in einer 1,5 Tonnen-Sackpresse ohne Sauerstoffkontakt. Die Fermentierung und Reifung findet in den eierförmigen 1600 Liter-Zementtanks von Nomblot, den Edelstahlbehältern und 500-Liter-Eichenfässern statt. Jedes Jahr reifen die Weißweine rund acht bis zehn Monate lang, bevor sie verschnitten und in Flaschen abgefüllt werden.

*F*able's recently extended and refitted winery is designed to process around 180 tons of red-wine grapes and 70 tons of white-wine grapes. The red wines, partially made through gravity flow, are fermented using a combination of concrete open-top fermenters, two-ton stainless steel open-top rolling fermenters and 500-litre open wooden barrels. All the reds are plunged gently by hand, and lot of the wines they make in the 500-litre barrels are given up to four to six weeks of long maceration after the fermentation is complete. All the reds are pressed in one of their two basket presses and aged in their new underground barrel cellar for 24 months in a combination of old and new 500-litre oak barrels.

The white-wine grapes are all whole-bunch pressed into a 1.5-ton bag press where oxygen contact is discouraged. They are fermented and aged in a combination of concrete 1600-litre Nomblot egg tanks, stainless steel and 500-litre oak barrels. Each year, the white wines are aged for around eight to ten months before being blended and bottled.

Die Menschen
Personalities

Charles Banks ist Gründungsmitglied und geschäftsführender Teilhaber bei Terroir Capital und außerdem Chefredakteur des Fine Wine Magazines, das weltweit eine Leserschaft von über zwei Millionen hat. Außerdem war er geschäftsführender Teilhaber des kalifornischen Kult-Weinguts Screaming Eagle und des erstklassigen Jonata sowie des Napa Valley Reserve, dem ersten Wein-Country Club der USA. Er gab all dies auf, um sich zwischen Frühjahr 2009 und Herbst 2010 neuen Aufgaben zuzuwenden.

Charles hegte schon lange eine große Liebe für Südafrika und war deshalb begeistert, als er durch die Vorbesitzer auf Tulbagh Mountain Vineyards aufmerksam wurde. Diese hatten ein äußerst kompetentes Mitarbeiterteam um sich geschart, und die Weinberge versprachen einen guten Start. Er erwarb dieses Schmuckstück an seinem abgelegenen Standort und nannte es fortan Fable. Sofort begann er mit der Modernisierung, die u. a. neue Weinbergpflanzungen und Weinkellerrenovierungen umfasste.

Neben Fable gehören noch andere Weingüter zu den neuen Unternehmungen von Charles, darunter Leviathan, ein Weingut in Napa, das er zusammen mit Andy Erickson und Annie Favia betreibt; Sandhi, ein Weingut in Zentralkalifornien, mit Schwerpunkt auf Weinen im Rhône-Stil; sein zweites südafrikanisches Weingut Mulderbosch in Stellenbosch; und schließlich eine neue Weinmarke namens Cultivate, die 2011 eingeführt wurde und die von internationalen Weinen abstammt.

Andy Erickson, beratender Winzer bei Terroir Capital, lebt und arbeitet seit 1994 im Napa Valley, wo er u. a. auch für Screaming Eagle Wein herstellte. Andy ist als unabhängiger Berater in der Weinproduktion für Dalla Valle, Arietta, Dancing Hares Vineyard und Ovid Vineyards im Napa Valley tätig. Überdies berät er Jonata im Santa Ynez Valley, sowie Fable und Mulderbosch in Südafrika.

Auf Fable liegt die Weinherstellung in den Händen mehrerer zuverlässiger Menschen, darunter die Winzer Rebecca Tanner und Paul Nicholls sowie Soppie Heynes, die rechte Hand im Weinkeller und in den Weinbergen. Außerdem sind da noch die drei Hunde Sunny, Daisy und Lily, die in der Wachstumsperiode die Weinberge bewachen und dafür sorgen, dass sich die Paviane nicht über die süßen Trauben hermachen. Rebecca und Paul sind für die Umweltverträglichkeit sowohl im Weinkeller als auch auf der Farm zuständig und studieren beide Philosophie in nachhaltiger Landwirtschaft (Master) an der Stellenbosch University.

CHARLES BANKS, REBECCA TANNER & FABLE-TEAM

Charles Banks is a founding and managing partner at Terroir Capital and also the senior executive editor of Fine Wine Magazines, which has a global readership of over two million. He was also the managing partner of Californian cult winery Screaming Eagle and high-end Jonata, as well as Napa Valley Reserve, the first wine country club in the US. He left these to start new ventures between the spring of 2009 and autumn of 2010.

Charles, who has a long-held love of South Africa, was thrilled to discover Tulbagh Mountain Vineyards through its former owners, who had assembled a highly competent team and got the vineyards off to a great start. On purchasing this gem of a farm with its remote location, he renamed it Fable and began an overhaul, which included new vineyard plantings and cellar renovations.

In addition to Fable, Charles' other new ventures include Leviathan, a Napa winery in partnership with Andy Erickson and Annie Favia; Sandhi, a central California winery with a focus on Rhône-style wines; his second South African winery, Mulderbosch in Stellenbosch; and a new wine brand that sources juice internationally called Cultivate, which was launched in 2011.

Terroir Capital's consultant winemaker, Andy Erickson, has lived and worked in the Napa Valley since 1994, where he has made wine at Screaming Eagle, among others. Andy works as an independent consulting winemaker for Dalla Valle, Arietta, Dancing Hares Vineyard and Ovid Vineyards in the Napa Valley. He also consults for Jonata in the Santa Ynez Valley, as well as Fable and Mulderbosch in South Africa.

The Fable team relies on several important individuals to craft its wines, including Rebecca Tanner and Paul Nicholls, the winegrowers, and Soppie Heynes the cellar/vineyard hand. There are also the three dogs Sunny, Daisy and Lily, who patrol the vineyards over the growing season, helping to keep the baboons away from the sweet grapes. Rebecca and Paul are committed to sustainability in the cellar and vineyard, as well as on the farm, and both are studying a Master of Philosophy in Sustainable Agriculture at Stellenbosch University.

Die Weine
The Wines

Kulinarische Weinbegleitung
Wine Pairing

Der Bobbejaan 2009 ist zu 100 % Syrah, ein Blend von den markantesten und besten Weinbergparzellen auf Fable. Bei der Weinherstellung wird – abgesehen von kleineren Mengen an Schwefel – auf Zusätze verzichtet, um die Weine möglichst natürlich zu belassen. Der Wein reift 22 Monate lang im Fass, ein nochmaliger Abstich erfolgt vor dem Verschnitt und dem Absetzen, danach wird er in Flaschen filtriert. Zum Ausdruck kommen Anbaufläche, Jahrgang und echter Rebsortencharakter. Die Farbe ist ein helleres Purpurrot, das Bouquet zeigt die frische Reinheit von Früchten mit floral-staubigen Untertönen. Am Gaumen entfaltet er eine saftige Textur mit Tabak- und Kirscharomen. Die Tanninstruktur ist elegant, der Abgang frisch, langanhaltend und dezent.

The Bobbejaan 2009 is 100 % Syrah, blended from the most distinctive and best parcels of fruit from Fable's vineyards. Throughout the winemaking process no additions were made except for moderate amounts of sulphur in order to keep the wine as natural as possible. The wine was matured in barrel for 22 months, racked once more before blending and settling, and given a mild filtration into bottle. It is an expression of site as well as year, and shows true varietal character. A bright crimson colour, the bouquet displays a fresh purity of fruit with floral dusty overtones, and the palate has a juicy texture with tobacco and cherries. The tannin structure is elegant, and the finish is fresh, lingering and subtle.

Die Weine von Fable entstehen in einem ganz besonderen Prozess: Bei der Weinherstellung wird nur minimal in die Transformation der Trauben zu Wein eingegriffen. Biodynamischer Anbau ist Teil der Philosophie auf Fable: Die Weine sollen jeweils ihren individuellen Charakter entwickeln und die Geschichte der Jahreszeiten erzählen, weil das Team überzeugt ist, dass Weine etwas zu erzählen haben. Zu dem kompakten Weinangebot zählen ein Syrah mit Namen Bobbejaan (Pavian), eine rote Mischung, die Lion's Whisker, sowie eine weiße Mischung, genannt Jackal Bird: Auf dem rückseitigen Etikett jedes Weines ist eine Fabel aufgedruckt.

*F**or Fable's wines to really speak of the special terroir in which they grow, they take a minimalistic approach to winemaking, interfering as little as possible in the transformation of grapes to wine. As part of this philosophy, they use biodynamics as a tool to help the vines develop individual character and tell the story of the seasons because, they believe, wine is about storytelling. The compact range of wines includes a Syrah called Bobbejaan (baboon), a red blend, Lion's Whisker, and a white blend, Jackal Bird, each with its own fable printed on the back label.*

Für das Fleisch
300 g Gnu-Lende (oder jede beliebige Antilopenart),
2 EL schwarze Pfefferkörner, 1 EL Koriandersamen,
¼ TL Kreuzkümmel, 1 EL grobes Salz, 1 Eiweiß
(leicht geschlagen), Olivenölmischung zum Anbraten

Für die Artischocken
4 Artischocken (nur die Herzen verwenden),
1 Zitrone, 1 Zweig Zitronenthymian, 2 Knoblauchzehen (halbiert), 200 ml Olivenöl, 50 ml Walnussöl

Für die Vinaigrette
2 EL Himbeeressig (vorzugsweise nach Balsamico-
Art, um eine bessere Ausgewogenheit zu erreichen),
1 TL Orangenblütenhonig, 50 ml Walnussöl, Salz,
½ Schale Himbeeren

For the meat
300 g wildebeest loin (or any other antelope),
2Tb black peppercorns, 1Tb coriander seeds,
¼ts cumin seeds, 1Tb coarse salt, 1 egg white (lightly
whipped), Olive oil blend for searing

For the artichokes
4 globe artichokes (use the hearts only), 1 lemon
1 sprig lemon thyme, 2 garlic cloves (peeled & halved),
200 ml olive oil, 50 ml walnut oil

For the vinaigrette
2Tb raspberry vinegar (preferably balsamic style
for better balance), 1ts orange blossom honey,
50 ml walnut oil, salt, ½ punnet raspberries

Gnubraten in Pfeffer-/Korianderkruste mit Artischocken-Confit & Himbeer-Balsamico-Vinaigrette

Wildebeest seared in a black pepper & coriander crust with artichoke confit & raspberry balsamic vinaigrette

Alle Gewürze in einer Gewürzmühle kurz zermahlen, sodass sie noch grob sind; dann mit dem groben Salz mischen. Etwas Plastikfolie auslegen und die Gewürzmischung daraufgeben, sodass ein Rechteck von der Größe der Gnu-Lende entsteht. **Gnufleisch** in das Eiweiß eintauchen, auf die Gewürzmischung legen und straff in die Plastikfolie einrollen, bis es eine perfekte Fleischrolle ergibt. Das Fleisch einige Stunden lang im Kühlschrank aufbewahren, danach auswickeln und von allen Seiten in heißem Öl scharf anbraten. Abkühlen lassen, bevor es bis zum Servieren in den Kühlschrank gelegt wird.

Artischockenstiele abbrechen und die darin liegenden Fäden, die zum Artischockenherz führen, ebenfalls entfernen. Sämtliche Blätter entfernen und die Härchen herausschaben. Sofort mit Zitronensaft einreiben und in einen Schmortopf, der die kalte Ölmischung enthält, geben. Thymian und Knoblauch hinzugeben und mit Butterbrotpapier abdecken. Auf dem Herd bei geringer Hitze auf eine Temperatur von 85 °C erwärmen, danach bei 120 °C im Backofen ungefähr eine Stunde lang garen. (Bei dieser Zubereitungsweise lassen sich Artischocken in Weckgläsern mit dem verwendeten Öl einige Wochen lang im Kühlschrank aufbewahren.) Vor dem Servieren aufschneiden und mit grobem Salz würzen.

Sauce: Himbeeressig und Honig in eine Rührschüssel geben und Walnussöl schlückchenweise hinzufügen, bis die Mischung geschmeidig ist. Salzen und Himbeeren hinzufügen.

Vor dem Servieren mit einem schmalen, scharfen Messer die Lende in Scheiben von einem halben Zentimeter Dicke (oder eben so dünn wie möglich) schneiden. Zusammen mit den zerkleinerten Artischocken auf den Tellern anrichten. Mit einem Löffel die Vinaigrette drumherum verteilen und mit essbaren Blüten bzw. Baby-Salatblättern garnieren.

*__G__rind all the spices in a spice blender briefly, leaving them still fairly coarse, then mix with the coarse salt. Roll out some clingwrap and place the spice mix onto it, forming a rectangle the size of the loin. Dip the **wildebeest** in the egg white, place onto the spices and roll tightly in the clingwrap to shape it perfectly round. Rest the meat in the fridge for a few hours to stabilise, then unwrap and sear it on all sides in hot oil. Leave to cool before refrigerating until serving.*

*Break the stem off each **artichoke** to remove the strings inside the stalk leading into the artichoke heart. Remove all leaves and scrape the beard (choke) out. Wipe immediately with lemon juice and drop into a heavy-bottomed casserole containing the cold oil mixture. Add the thyme and garlic, and cover with greaseproof paper. Put on the stove at a low heat, bring up to a temperature of 85 °C, then place in the oven at 120 °C for approximately one hour until tender. (Prepared this way, you can preserve artichokes when in season and keep them bottled in the same oil in the fridge for a few weeks.) Slice and season with coarse salt before serving.*

__Sauce:__ Place the raspberry vinegar and honey into a mixing bowl and whisk the walnut oil in a little at a time until smooth. Season with salt and add the raspberries.

__To serve__ cut the seared loin into half-centimetre thin slices (or as thin as you can), using a sharp, thin knife. Arrange on the plate together with the sliced artichokes. Spoon the vinaigrette around and garnish with edible flowers or baby salad leaves.

Fable Bobbéjaan Shiraz 2009

Das auf diese seltene Art zubereitete Gnufleisch harmoniert perfekt mit dem Wildgeschmack des Shiraz. Die dezente Himbeer-Vinaigrette greift die reine Frische von roten Früchten auf und gleicht die deutliche Säure des Weins aus.

The wildebeest served in this rare style pairs perfectly with the gamey flavours of the Shiraz. The subtle raspberry vinaigrette picks up the fresh purity of red fruit and counters the obvious acidity in the wine.

HIDDEN VALLEY

Hidden Valley

Das Wesentliche des anbauspezifischen Weinsortiments liegt in der besonderen Lage der Weinberge und in den Mikroklimata, die in der Umgebung der Trauben vorherrschen. Die Weinberge liegen hoch oben auf dem Helderberg und kommen somit in den Genuss der kühlen Brise, die von der nur fünf Kilometer entfernten False Bay herüberweht.

The essence of the terroir-specific range of wines lies in the special location of the vineyards and the micro climates that surround the grapes. The vineyards are high up on the Helderberg and enjoy the cooling breezes that come off False Bay some five kilometres away.

Das Anwesen
The Estate

Hidden Valley ist das Ergebnis beharrlicher Geduld seitens Dave Hidden – Winzer von Berufs wegen, Unternehmer von Natur aus. Auf das an den Helderberg-Abhängen bei Stellenbosch gelegene Stück Land wurde er in den späten 1970er-Jahren von seinem Professor für Weinbau, dem verstorbenen Chris Orffer, aufmerksam gemacht, der es »als besten Boden für Weinberge in ganz Südafrika« bezeichnete. Dave beherzigte den Rat und verwirklichte seinen Traum schließlich im Jahre 1998 mit dem Erwerb der abgelegenen Farm.

Die Weinreben wurden auf altem, zersetztem Granitboden angepflanzt, der in Verbindung mit der Höhenlage und dem kühleren Klima ein sehr gefragtes Anbaugebiet ist. Die Rebstöcke wurden erst 2002 unter Verwendung des neuesten Pflanzguts und der modernsten Methoden angepflanzt. Ebenso wurden 4000 Olivenbäume verschiedenster Sorten gepflanzt, die nun in einem silbrigen Hain erblühen, der um die eindrucksvolle Steinmauer des Weinkellers angelegt wurde. Produziert werden Olivenöl in Topqualität, Speiseoliven und Tapenade; hinzu kommen noch insgesamt 100 verschiedene Mandelbäume. Die Mauer wurde von Steinmetz Luigi Tucconi erbaut, der aus Sardinien stammte und das Handwerk von seinem Onkel erlernte.

Johan »Grobbie« Grobbelaar kam 1999 vom international anerkannten Nietvoorbij Research Institute, wo er als Senior Farm Manager gearbeitet hatte, nach Hidden Valley. Mit seinem kompromisslosen Qualitätsbewusstsein für die Weinberge hat er einen großen Beitrag zu den exzellenten Früchten auf der Farm geleistet. »Qualitätsweine werden im Weinberg gemacht«, lautet seine Philosophie. Er hat nicht nur die Qualität der Weinberge mitgestaltet, sondern auch dafür gesorgt, dass die Olivenbäume jedes Jahr ein »Extravergine-Öl« der Spitzenklasse hervorbringen.

Das in den Weinkeller integrierte Restaurant »Overture« wird von dem überaus talentierten Küchenchef und Miteigentümer Bertus Basson geleitet. Es öffnete seine Tore im November 2007. Seine Philosphie lautet »täglich frisch aus der Region«, das heißt, er improvisiert täglich neu aus frischen, regionalen Erzeugnissen. In den vergangenen fünf Jahren war es stets auf der Eat Out-Top 10-Liste der südafrikanischen Restaurants.

Hidden Valley is the culmination of years of determined patience by Dave Hidden, winemaker by training, entrepreneur by nature. This parcel of land high on the Helderberg slopes near Stellenbosch was pointed out to him in the late 70s by his viticulture professor, the late Chris Orffer, who remarked that this was »the best vineyard soil in South Africa«. Dave took heed, and finally realised his dream in 1998 when he acquired this secluded farm.

The vineyards are planted on ancient, decomposed granite soils which, combined with the altitude and cooler weather, create a sought-after terroir. The vineyards were planted as recently as 2002, using the latest planting material and methods. Also planted were 4000 olive trees, both oil and table varieties, now flourishing in a silvery grove around the impressive stone wall of the wine cellar – products include top-quality olive oil, table olives and tapenade; and a variety of almond trees, 100 in total. The wall was built by Sardinian-born stonemason Luigi Tucconi, who learnt the craft from his uncle.

Johan »Grobbie« Grobbelaar came to Hidden Valley in 1999 from the internationally recognised Nietvoorbij Research Institute, where he was senior farm manager. He has an uncompromising approach to vineyard quality, which has greatly contributed to the excellent fruit on the farm. »All quality wines are made in the vineyard«, is his philosophy. Not only has he shaped the quality of the vineyards, he has also ensured that the olives produce the highest quality extra virgin oil every year.

»Overture« Restaurant, incorporated in the cellar, is run by talented chef and co-owner Bertus Basson. The doors opened in November 2007. His food philosophy is »local and fresh everyday«, which means that the menu is a daily improvisation to accommodate the availability of locally supplied fresh produce. It has been on the Eat Out Top 10 list of South African restaurants for the last five consecutive years.

Liebe steckt auch hier im Detail – offen gibt sich das Restaurant »Overture«, das zu den 10 besten Südafrikas zählt.

Loving attention to detail – the »Overture« restaurant, which is amongst the top 10 in South Africa, shows its open character.

28 March 2012
Today we are Crushing Cabernet Sauvignon

Weingut & Landschaft
Winery & Landscape

Der ultramoderne, schwerkraftbetriebene 220 Tonnen Weinkeller wurde im Jahre 2005 erbaut. Zu seinem Bau wurden Stein, Holz und Glas als Materialien ausgewählt, um ein modernes, aber dennoch funktionales Gebäude zu erschaffen, das sich in die Landschaft einfügt. Der Weinkeller ist umgeben von Weinbergen, Olivenhainen, Mandelbaumplantagen und natürlicher Vegetation, die alle wesentliche Bestandteile des Ökosystems auf Hidden Valley sind.

Nachhaltige Landwirtschaft wird sowohl im als auch außerhalb des Weinkellers groß geschrieben. Die einheimischen, wilden Olivenwäldchen des Tals waren Inspiration für die Gärten, die von Lydia Ellis von Envisage Landscaping mit Sorgfalt und Umweltbewusstsein angelegt wurden: Sie begann im Jahre 2005 mit diesem großangelegten Projekt. Es wurden nur einheimische Pflanzen verwendet, die meisten gedeihen sogar nur in dieser Region. Damit die Menschen die Wildnis genießen können, wurden extra Fußwege angelegt. Sämtliche exotischen und fremden Pflanzen wurden von Nomzame Ngame – die ursprünglich für die NGO Working for Water arbeitete – und ihrem Team entfernt. Die in der Umgebung beheimatete Flora und Fauna wird mit Respekt behandelt. Vögel sind nun wieder reichlich vorhanden, und Kleintiere wandern wieder frei durchs Tal.

*T*he 220-ton state-of-the-art gravity-fed cellar was constructed in 2005. Stone, wood and glass were selected to build a contemporary yet functional structure that blends into the environment. The cellar is surrounded by vineyards, olive groves, almond orchards and natural vegetation, each forming an integral part of the farm's ecosystem.

Sustainable agriculture is the approach both in and outside the cellar. The indigenous wild olive forests in the valley inspired the gardens, which were created with care and sensitivity for the environment by Lydia Ellis of Envisage Landscaping, who started this large-scale project in 2005. All the plants are indigenous and most are endemic to the area. Walking paths were laid out for people to enjoy the wild spaces. All exotic and alien plants were removed by Nomzame Ngame and her team, who originally worked for the NGO Working for Water. The flora and fauna of the environment are treated with respect – the birdlife is now abundant and small animals roam freely in the valley once more.

Die Menschen
Personalities

Inhaber Dave Hidden, der den Bachelor-Abschluss für Weinbau und Önologie der Universität Stellenbosch sowie einen MBA der Universität Kapstadt besitzt, war Industrieller in Gauteng, bevor er zu seinen Wurzeln nach Stellenbosch zurückkehrte und 2006 auf der Farm einzog.

Die Philosophie, die das Weingut antreibt – das übrigens Mitglied der Biodiversity and Wine Initiative ist –, basiert auf Nachhaltigkeit, was sich im täglichen Leben bei sämtlichen Farmtätigkeiten widerspiegelt. »Uns ist dieses Land nur für kurze Zeit anvertraut, und wenn ich es irgendwann einmal an irgendjemanden übergebe, will ich sicher sein, dass es dann ökologisch wertvoller ist als beim Erwerb«, erklärt Dave.

Hidden Valley wird nach ökologischen Gesichtspunkten bewirtschaftet. Dazu gehören sorgfältige Überlegungen wie beispielsweise »Wie soll der Boden vorbereitet werden? Wie werden die Reben am besten gehegt und gepflegt? Wie kann das nicht landwirtschaftlich genutzte Land bewahrt werden?«, um die Weine auf nachhaltige und verantwortungsvolle Weise zu produzieren.

Recycling heißt das Zauberwort auf Hidden Valley. »Für uns ist es wichtig, dass wir unseren Abfall reduzieren, indem wir auf dem Gut alles recyceln, was nur möglich ist. Unsere Papier- und Kartonabfälle werden recycelt, genauso wie unser gebrauchtes Wasser. Gemüseabfälle aus dem Restaurant werden an die Regenwürmer verfüttert: Der daraus entstandene »Komposttee« wird dem Wasser zur Gartenbewässerung hinzugefügt und der Mist wird kompostiert. Wir zerkleinern die ganze Fremdvegetation, die wir aus dem Tal entfernen, ebenso die Reben- und Olivenschnitte. Die übrig gebliebenen Traubenschalen und -stiele sind wesentliche Bestandteile im Kompost für die Olivenhaine, Gärten und Weinberge«, stellt er abschließend fest.

DAVE HIDDEN & LYDIA ELLIS, BERTUS BASSON, EMMA MOFFAT

Owner Dave Hidden, who holds a BSc in viticulture and oenology from Stellenbosch University, as well as an MBA from UCT, was a Gauteng-based industrialist before returning to his Stellenbosch roots and taking up residence on the farm in 2006.

The philosophy which drives the farm, a member of the Biodiversity and Wine Initiative, is based on sustainability, which is incorporated in the daily modus operandi of all activities. »We only have brief custody of this land and when I hand it on to whoever and whenever, I want to ensure that the farm is more eco-valuable than when I purchased it«, explains Dave.

Hidden Valley is farmed in accordance with ecologically sensitive farming practices. This entails careful consideration as to how they prepare the soils, nurture the vines and conserve non-agricultural lands in order to produce wine sustainably and responsibly.

Recycling has become a mantra at Hidden Valley. »It is important to us to ensure that we reduce waste by recycling everything possible on the farm. Our cardboard and paper waste is recycled, as is our water after use. Green offcuts from the restaurant are fed to the earthworm farm to produce urine, added to garden irrigation water, and droppings, sent to compost. We chip all alien vegetation cleared from the valley, as well as vine and olive cuttings. The used grape skins and stems are integral to making compost, which is recycled into the olive orchards, gardens and vineyards«, he concludes.

Die Weine
The Wines

Die Weine von Hidden Valley werden ohne Intervention hergestellt, d. h. der Winzer lässt der Natur freien Lauf. Optimaler Reifezeitpunkt, richtiger Zuckergehalt, eine Vorgehensweise nach dem Motto »Qualität vor Quantität« und ein strenges Auslesesystem – die Traubenauslese beginnt bereits im Weinberg an den Rebstöcken und wird dann an der Weinkellertür fortgeführt, wo zwei weitere Auswahlverfahren auf den Sortiertischen, sowohl vor als auch nach dem Abbeeren, stattfinden: So wird gewährleistet, dass nur die Trauben allerbester Qualität den Weg in die Tanks und Fässer finden.

Die Winzerin Emma Moffat, die ihren Bachelor-Abschluss in Weinbau und Önologie an der Universität Stellenbosch machte und praktische Erfahrungen in Kalifornien, Neuseeland und Italien sammeln konnte, setzt sich dafür ein, dass bei dieser qualitätsbewussten Arbeitsweise echte standortbestimmte Weine entstehen.

*T*he wines are made in a non-interventionist way, with the winemaker allowing nature to be the guide. Phenolic ripeness, correct sugar levels, a quality-before-quantity approach and a strict sorting regime – beginning in the vineyard with bunch selection straight from the vines, is further enforced at cellar door, where two further screenings on the sorting tables both before de-stemming and after – ensure only the best quality grapes make their way to the tanks and barrels.

Winemaker Emma Moffat, who holds a BSc Viticulture and Oenology from Sellenbosch University, and gained hands-on experience in California, New Zealand and Italy, is committed to crafting truly terroir-driven wines at this small, quality-driven operation.

Kulinarische Weinbegleitung
Wine Pairing

Hidden Secret 2008 ist eine elegante mediterrane Mischung bestehend aus 65 % Shiraz, 20 % Tannat, 14 % Mourvèdre und 1 % Viognier. Die Trauben jeder Rebsorte werden bei optimalem Reifegrad gepflückt und – nach behutsamem Zerkleinern – in traditionellen Open-Top-Gärbehältern separat auf der Maische vergoren. Der Wein wird gepresst und lagert anschließend 13 Monate lang in bis zu dreimal befüllten französischen Eichenfässern. Tannat und Mourvèdre tragen zur tiefroten Farbe bei. In der Nase ist er einladend würzig und schmackhaft mit lederartiger Komplexität, die durch Süß- und Sauerkirschen, Maulbeeren und einen Hauch Marzipan vervollständigt wird. Durch den Shiraz kommen sanfte Mokka- und Schokoladennuancen hinzu. Es ist ein gut strukturierter Wein mit feinen Tanninen, vollen roten Früchten und einem lang anhaltenden Abgang.

Hidden Secret 2008 is an elegant Mediterranean blend of 65 % Shiraz, 20 % Tannat, 14 % Mourvèdre and 1 % Viognier. The grapes of each variety were picked at optimum ripeness and, after a gentle crushing, fermented separately on the skins in traditional open-top fermenters. The wine was pressed and racked, and spent 13 months in a selection of 1st-, 2nd- and 3rd-fill medium-toast French oak. The Tannat and Mourvèdre contribute to the deep-red colour. The nose is invitingly spicy and savoury with leathery complexity, complemented by sweet and sour cherries, mulberries and a hint of marzipan. The Shiraz adds smooth mocha and chocolate overtones. This is a well-structured wine with fine tannins, rich red fruit and a lingering finish.

Zutaten / *Ingredients*

**Für die Kalahari-Austern
(Lammleber in Crêpinette)**
600 g Lammleber (ausgenommen), 100 g Lamm-
oder Schweine-Crêpinette (auch bekannt unter der
Bezeichnung »Schweinsnetz«; kann beim Metzger
bestellt werden), ½ TL frischer Thymian (gehackt)
1 Knoblauchzehe (geschält & zerdrückt),
Salz & frisch gemahlener schwarzer Pfeffer

Für die Gerste
200 g Gerste (in lauwarmes Wasser eingeweicht),
30 g Butter, 1 kleine Zwiebel (gewürfelt),
1 Knoblauchzehe (geschält & fein gehackt),
100 ml Weißwein, 1 Lorbeerblatt, 1 TL Rosmarin
(fein gehackt), 100 g Butternuss oder Kürbis (in
Würfel geschnitten), 50 g Kürbiskerne (geröstet)
2 EL Kürbiskernöl, Salz

Für die Kalahari-Trüffel
4 große Kalahari-Trüffel (gewaschen & geschält)
30 g Butter, 50 ml Medium-Cream Sherry, Salz

Für den Sellerie
1 großer Sellerie, 20 g Butter, 25 ml trockener
Wermut, 100 ml Weißwein, 100 ml Selleriebrühe,
1 Thymianzweig, ½ Rosmarinzweig, Salz,
50 ml Sahne

For the Kalahari oysters (lamb liver in crêpinette)
*600 g lamb liver (deveined), 100 g lamb or pork
crêpinette (also known as caul fat or fat netting,
you can order this from your local butcher),
½ ts fresh thyme (chopped), 1 clove garlic
(peeled & crushed), Salt & freshly ground black pepper*

For the barley
*200 g barley (soaked in lukewarm water), 30 g butter,
1 small onion (diced), 1 clove garlic (peeled & finely
chopped), 100 ml white wine, 1 bay leaf, 1 ts rosemary
(finely chopped), 100 g butternut or pumpkin (cubed),
50 g pumpkin seeds (roasted), 2 Tb pumpkin seed oil,
Salt*

For the Kalahari truffles
*4 large Kalahari truffles (washed & peeled),
30 g butter, 50 ml medium-cream sherry, Salt*

For the celeriac
*1 large celeriac, 20 g butter, 25 ml dry vermouth,
100 ml white wine, 100 ml celeriac stock,
1 sprig thyme, ½ sprig rosemary, Salt, 50 ml cream*

Kalahari-Austern auf Gerste, Butternuss & Kalahari-Trüffel mit geschmortem Sellerie

Kalahari oysters set on a barley, butternut & Kalahari truffle fondue with braised celeriac

Leber in acht Stücke zerlegen und in dem gehackten Thymian und dem zerdrückten Knoblauch marinieren. Jedes Stück mit einer Schicht des zuvor gut gewaschenen Schweinsnetzes umwickeln (darf sich leicht überlappen), damit eine Roulade entsteht. Bis zur weiteren Verwendung im Kühlschrank aufbewahren.

Gerste abschütten und das Einweichwasser zurückbehalten, dann unter frischem Wasser abspülen. Zwiebel und Knoblauch in einer Deckelpfanne in Butter leicht braun andünsten. Gerste hinzufügen und einige Minuten lang anschwitzen, danach Weißwein hinzugießen und reduzieren lassen. Gerste mit etwas Einweichwasser übergießen, bis sie bedeckt ist; dann Rosmarin und Lorbeerblatt hinzugeben und köcheln lassen, bis sie weich ist. Gewürfelte Kürbisstücke hinzufügen und noch weitere Minuten köcheln lassen, bis sie gar, aber noch fest sind. Zum Schluss kommen noch die gerösteten Kürbiskerne und das Öl hinzu; gegebenenfalls nachwürzen.

Diese einzigartigen **Trüffel** kommen nur in der Kalahari-Wüste im südlichen Afrika vor. Die auch unter der Bezeichnung »Nabbas« bekannten Trüffel werden im Herbst geerntet und haben Ähnlichkeit mit kleinen Kartoffeln. Vor dem Schälen müssen die Trüffel gründlich gewaschen werden, um jeglichen Sand zu entfernen. Die Trüffel je nach Größe halbieren oder in noch kleinere Stücke zerschneiden. Sie sind schnell gar gekocht, und es genügen bereits einige wenige davon, um ein Trüffelaroma zu erhalten. Butter in einer beschichteten Pfanne erhitzen, Trüffel hinzugeben, würzen, Sherry darübergießen und reduzieren lassen. Sofort servieren.

Sellerie waschen und schälen, dann der Länge nach vierteln. Aus den Schälresten des Selleries und dem Schnittgut des Kürbisses eine leichte Brühe zubereiten, danach abgießen. Butter in eine tiefe Deckelpfanne geben, die groß genug sein muss, dass der Sellerie darin Platz hat. Sellerie in der Pfanne kurz anbraten, damit er karamelisiert und seinen natürlichen Zuckergehalt freisetzt. Mit Wermut und Weißwein ablöschen, kurze Zeit reduzieren lassen, dann alle übrigen Zutaten – außer der Sahne – hineingeben. In der Pfanne zugedeckt bei niedriger Hitze köcheln lassen, bis alles weich ist. Deckel abnehmen, Sahne hinzufügen und die Flüssigkeit reduzieren lassen, um den Sellerie damit vor dem Servieren zu glasieren.

Vor dem Servieren: Das beste Ergebnis erzielt man, wenn man Gerste und Sellerie warm bereithält und Trüffel und Lamm leber direkt vor dem Servieren fertigstellt. Das Lamm in einer Metall- bzw. Antihaftpfanne bei mittlerer Hitze anbraten (zum Braten wird weder Öl noch Butter benötigt). Die Leber von allen Seiten anbraten, damit das Schweinsnetz beim Bräunen sämtliches überschüssige Fett abgibt. Das beste Verhältnis zwischen Geschmack und Konsistenz erhält man, wenn man die Leber ungefähr fünf Minuten lang anbrät, bis sie »medium« ist. Fleisch aus der Pfanne nehmen und einige Minuten lang ruhen lassen. Alle übrigen Zutaten anrichten, die Kalahari-Austern in Scheiben aufschneiden und sofort servieren.

Cut the **liver** into eight pieces and marinate in the chopped thyme and crushed garlic. Wrap one layer of well-rinsed crêpinette around each piece, overlapping it slightly, to form a roulade. Keep refrigerated until needed.

Drain the **barley**, retaining the soaking water, then rinse in fresh water. In a pan with a lid, sweat the onion and garlic in the butter until they just start to brown. Add the barley and sweat for a few minutes, then add the white wine and reduce. Cover the barley using some of the soaking stock, add the bay leaf and rosemary, cover and simmer slowly until soft. Add the pumpkin cubes and simmer for a few more minutes until they are cooked but still firm. Finish off with the roasted seeds and the oil; adjust the seasoning.

These **truffles** are unique to the Kalahari Desert in southern Africa. Harvested in autumn, they are also called nabbas and resemble small potatoes. The truffles need to be washed thoroughly to remove all sand before peeling them. Depending on the size, cut the truffles in half or even smaller. They cook very quickly and it only takes a few of them to get the truffle flavour expression. Heat the butter in a non-stick pan and add the truffles, season, add the sherry and reduce. Serve immediately.

Wash and peel the **celeriac**, then cut lengthwise into four. Use the celeriac peelings and the pumpkin trimmings to make a light stock, then strain. Put the butter in a deep pan with a lid just big enough to hold the celeriac. Place the celeriac in the pan and fry briefly to caramelise it and release the natural sugar. Deglaze with the vermouth and white wine, then reduce for a moment before adding all the remaining ingredients except the cream. Put the lid on and simmer at a low heat until cooked through. Remove the lid, add the cream and reduce the liquid to glaze the celeriac just before serving.

To serve have the barley and the celeriac warm and ready, and finish cooking the truffles and the lamb liver just before serving for the best results and texture. Fry the lamb in a medium-hot metal or non-stick pan (no additional oil or butter is needed). Fry the liver on all sides so that the crêpinette casing releases all excess fat while browning. This should take about five minutes and the liver should be medium to express the best flavour to texture ratio. Remove from the pan and rest for a few minutes. Dress all remaining ingredients, slice the Kalahari oysters for presentation and serve immediately.

Hidden Valley »Hidden Secrets« Shiraz 2008

In Kombination mit der Lammleber kann der Shiraz-Wein seine volle Komplexität und Strukturtiefe zum Ausdruck bringen. Die Tannat- bzw. Mourvèdre-Komponente verleiht ihm ein erdiges Mundgefühl nach Waldboden, das bestens mit dem Wurzelgemüse und den Trüffeln harmoniert.

Combining the lamb liver with the Shiraz makes the wine show its full complexity and depths of structure. The Tannat and Mourvèdre component gives it an earthy, forest-floor feel which pairs with the root vegetables and truffles.

Keermont
stellenbosch

Keermont Vineyards

Das Anwesen liegt in ein natürliches Amphitheater eingebettet, zwischen den Bergrücken von Helderberg und Stellenbosch Mountain. Der Name setzt sich aus dem ursprünglichen Farmnamen »Keerweder« und »Mont« zusammen, der sich auf die gebirgige Landschaft bezieht.

Set in a naturally formed amphitheatre between the Helderberg and Stellenbosch mountain ranges, the estate became known as Keermont Vineyards. This name was derived from the original farm name »Keerweder« and »Mont« from the mountainous surroundings.

Das Anwesen
The Estate

Die Geschichte von Keermont Vineyards lässt sich bis ins Jahr 1694 zurückverfolgen, als noch Jan Jac van Dyk einen Großteil des Landes im Blaauwklippen Valley besaß – einschließlich der Ländereien, auf denen sich heute Dornier Wines, Kleinood, Stellenzicht Vineyards und Waterford Estate befinden.

2003 zogen Mark und Monica Wraith in das landschaftlich reizvolle Tal direkt außerhalb von Stellenbosch, pflanzten im Jahre 2005 Weinkulturen an und auf Land, das viele Jahre lang brach gelegen hatte, produzierten sie 2007 so ihre ersten fünf Fässer Wein. Heute sind fast 27 der 157 Hektar umfassenden Farm mit Chardonnay, Chenin Blanc, Sauvignon Blanc, Viognier, Cabernet Franc, Cabernet Sauvignon, Malbec, Merlot, Mourvèdre, Petit Verdot und Syrah bepflanzt.

Die Lage der Weinberge auf Keermont Vineyards ist teilweise etwas ganz Besonderes. Das steile Gebirgsterrain und die völlig unterschiedlichen Böden machen sie zu einem ausgezeichneten und vielseitigen Anbaugebiet. Die meisten Böden bestehen aus roter lehmiger Tonerde, die aus verwittertem Quarzsandstein entsteht. Der Blaauwklippen River fließt mitten durch das Weingut und wird von fünf ganzjährigen Wasserläufen gespeist. Auf die 1,7 Kilometer Länge der Farm beträgt der Höhenunterschied 200 Meter und die Weinberge wurden in 250 Meter bis 400 Meter Höhe über dem Meeresspiegel angelegt. Der über 1000 Meter hohe Guardian Peak überragt das Anwesen auf der Ostseite, was zur Folge hat, dass die Sonne dort viel später aufgeht als in der übrigen Region. Die False Bay mit ihrer kühlen Meeresbrise ist gerade mal 12,5 Kilometer entfernt. Alle Faktoren zusammengenommen bieten äußerst günstige klimatische Bedingungen für den Weinbau.

Keermont Vineyards' history can be traced back to 1694 when Jan Jac van Dyk owned most of the land in the Blaauwklippen Valley, including where Dornier Wines, Kleinood, Stellenzicht Vineyards and Waterford Estate are found today.

In 2003, Mark and Monica Wraith moved to this scenic valley just outside of Stellenbosch. In 2005 they planted more vineyards on lands that had lain fallow for many years, and produced their first five barrels of wine in 2007. Today, nearly 27 hectares of the 157-hectare farm are planted with Chardonnay, Chenin Blanc, Sauvignon Blanc, Viognier, Cabernet Franc, Cabernet Sauvignon, Malbec, Merlot, Mourvèdre, Petit Verdot and Syrah.

Keermont Vineyards is blessed with some very special vineyard sites. Its steep, mountainous terrain and areas of differing soil types provide pockets of excellent and varied terroir. Soils are generally deep red clay loam, derived from weathering quartzitic sandstone. Fed by five perennial streams, the Blaauwklippen River runs through the middle of the farm. The altitude climbs 200 metres within the 1.7 kilometer length of the farm, and the vineyards are planted between 250 metres and 400 metres above sea level. Guardian Peak, which is over 1000 metres high, towers over the farm to its eastern side, which results in a much later sunrise than in the rest of the area. False Bay, with its cooling ocean influences, is just 12.5 kilometer away. All of these factors contribute to a very favourable climate for winegrowing.

Minimalistische Strenge vereinigt
innen und außen und rückt
traditionelle Kunst sowie Relikte
aus der Cape Dutch-Vergangenheit
ins rechte Licht.

Minimalistic simplicity unites
the interior and exterior of
this farm. Traditional art and
relicts of the past were put in
perspective.

Weingut & Umwelt
Winery & Environment

I m Jahre 2010 wurde eine auf dem Anwesen gelegene Abfüllanlage für Quellwasser in eine voll funktionstüchtige »gravity-flow winery« (auf Pumpen wird verzichtet; das Umfüllen geschieht mittels Schwerkraft) umgewandelt, die den Kriterien der Integrated Production of Wine (IPW) entspricht und mit Büros, Verkostungsraum, Verarbeitungsanlagen und Räumen für die Fassreifung ausgestattet ist. Eine Aussichtsplattform und eine Landschaftsgestaltung, bei der das Gebäude in die Umgebung integriert wird, bildeten den Abschluss der Bauphase.

Das geschützte, 100 Hektar große Gebiet umfasst dichte Afromontane-Wälder (immergrüne Feuchtwälder) in den Schluchten der Bergabhänge. Das Weingut ist so angelegt, dass zwischen den einzelnen Weinbergparzellen Durchgänge mit natürlicher Vegetation zu finden sind. Sie bieten Bruträume für die natürlichen Feinde der Weinbergschädlinge. Außerdem bilden sie Wanderkorridore für die auf der Farm lebende Tierwelt, zu der u. a. Paviane, verschiedene Antilopen, Wüstenluchse, Stachelschweine und Perlhühner zählen.

I n 2010, an existing spring water bottling plant on the property was converted into a fully functional gravity-flow winery, compliant with the Integrated Production of Wine (IPW) criteria and complete with offices, tasting room, processing facilities and barrel maturation rooms. A view deck and landscaping to integrate the building with the surrounding environment completed the building phase.

The conserved 100-hectare area includes lush pockets of Afromontane forest in the gorges of the mountain slopes. The farm has been laid out to ensure that all vineyard blocks have passages of natural vegetation between them. These create breeding grounds for natural predators of common vineyard pests, and also form migration corridors for the fauna on the farm, which includes baboons, various buck, caracal, porcupines and guinea fowl.

Die Menschen
Personalities

ALEX STAREY & MARK WRAITH

Der Eigentümer Mark Wraith, der früher in Gauteng im Tabakgeschäft tätig war, spielt auf der Farm eine aktive, zupackende Rolle: Er kümmert sich sowohl um die langfristige strategische Planung als auch um die Pflege der Rebstöcke. Er bewohnt das Anwesen zusammen mit seiner Frau Monica und den vier Kindern Matthew, Daniel, Georgina und Harriet.

Seine Vision besteht aus naturnahem Weinanbau und Bewahrung der Umwelt, um das Land für zukünftige Generationen zu erhalten – das Weingut ist Mitglied bei der Biodiversity and Wine Initiative (BWI), einer bahnbrechenden Partnerschaft zwischen der südafrikanischen Weinindustrie und den Naturschutzbehörden. Als er die Farm erwarb, machte er sich sofort daran, sie von sämtlichen fremden, vom Menschen ins Land gebrachten Baumarten wie beispielsweise der Schwarzen Akazie, dem Eukalyptus und der Kiefer zu befreien, damit sich die einheimische Vegetation wieder durchsetzen konnte. In einigen dieser Gebiete hat sich die Natur bereits wieder erholt. Flüsse, die früher durch Abfälle verunreinigt waren, sind wieder sauber, Straßen werden regelmäßig gewartet, um einer Erosion vorzubeugen, und der Einsatz von Chemikalien in den Weinbergen soll durch gemeinsame Bemühungen minimiert werden.

»Die Philosophie für die Weinberge hat die Natur, nicht die Wissenschaft, im Fokus, damit wir Weine hervorbringen, die ihre wunderschönen Herkunftsorte und die spezifischen Bedingungen eines jeden Jahrgangs widerspiegeln«, erklärt Alex Starey, der für Rebpflanzung und Weinherstellung zuständig ist. Alex arbeitet seit 2005 in dem Projekt mit, um die neue Entwicklung in den Weinbergen zu beaufsichtigen. Heute stellt er sicher, dass die Weinberge Früchte der höchsten Qualität bringen und die Integrität gewahrt bleibt, wenn die Trauben zu Wein weiterverarbeitet und in Flaschen abgefüllt werden.

Mark und Alex werden von einem kleinen, aber engagierten Team von Mitarbeitern unterstützt.

Owner Mark Wraith, who previously ran a tobacco business in Gauteng, plays an active; hands-on role on the farm, ranging from strategic long-term planning to tending the vines. He lives on the farm with his wife Monica and their four children, Matthew, Daniel, Georgina and Harriet.

His vision is one of pristine winemaking and environmental stewardship to conserve the land for future generations – the farm is a member of the Biodiversity and Wine Initiative (BWI), a pioneering partnership between the South African wine industry and the conservation sector. When they bought the farm, he set about clearing it of alien invader species like black wattle, eucalyptus and pine trees, and allowing the natural vegetation to re-establish itself. Some of these areas are already showing great signs of recovery. Rivers that were previously polluted with refuse have been cleared, roads are serviced regularly so as to prevent erosion, and a concerted effort has been made to minimise chemical use in the vineyard.

»The philosophy in the vineyard focuses on the natural rather than the scientific in order to create wines that reflect the beautiful place from which they come and the particular year's vintage conditions«, explains Alex Starey, who is responsible for the growing of the vines and winemaking. Joining the project in 2005 to oversee the new vineyard development, Alex now spends his time ensuring that the vineyards deliver fruit of the highest quality, and then preserving its integrity as it is converted into wine, matured and bottled.

Mark and Alex are supported by a small, but dedicated team of staff members.

Die Weine
The Wines

Das Angebot von Keermont Vineyards besteht derzeit aus vier Weinen: dem Keermont, dem »Vorzeige-Rotwein«, dem Syrah, dem Terrasse, einem im Fass fermentierten Weißwein und dem Fleurfontein, einem Dessertwein aus Trockenbeeren.

Kleine, ausgewählte Weinbergparzellen werden bei optimalem Reifegrad der Beeren abgeerntet und separat vinifiziert. Die Ernte erfolgt in den frühen Morgenstunden, bevor es am Tag zu heiß wird. Sämtliche Trauben werden von Hand gepflückt, in Obstkisten verpackt in die kühle Weinkellerei transportiert und vor dem Abbeeren untersucht, damit sichergestellt wird, dass nur die besten Früchte in die Presse gelangen. Durch Verwendung einheimischer Hefe erfolgt die natürliche Gärung mit ein- bis viermaligem Zusammenpressen pro Tag. Nach dem Pressen bleiben die Weine rund 18 Monate lang in französischen Barrique-Fässern, danach werden sie ungefiltert in Flaschen abgefüllt.

Die Weinflaschen werden von Hand etikettiert und verpackt, wobei jede Flasche bzw. Kiste noch einmal geprüft wird, bevor sie den Weinkeller verlässt.

*T*here are currently four wines in Keermont Vineyards' range: the Keermont, their flagship red blend; the Syrah; the Terrasse, a barrel-fermented white blend; and the Fleurfontein, a dessert wine made from vine-dried grapes.

Small, selected parcels of vineyards are picked at optimal ripeness and vinified separately. Harvesting takes place during the early hours of the morning before the day gets too hot. All grapes are hand-picked, transported to the cool of the winery in lug boxes and inspected before being destemmed, ensuring that only the finest fruit makes it into the crush. Indigenous yeast carries out a natural ferment with gentle punch downs one to four times a day. After pressing, wines stay in French barriques for approximately 18 months after which they are bottled without filtration.

Wines are labelled and packaged by hand, and every bottle and box is checked before it leaves the cellar.

Kulinarische Weinbegleitung
Wine Pairing

Der Keermont Terrasse 2010, ein Weißwein, der 2010 zum ersten Mal in den Handel kam, trägt seinen Namen wegen der terrassenförmig angelegten Weinberge, in denen die Trauben geerntet werden. Das Rückgrat dieser Mischung ist der Chenin Blanc, vervollständigt durch kleine Anteile von Chardonnay und Viognier. Die Gesamtproduktion betrug gerade mal sechs Fässer, aus denen 1575 Flaschen abgefüllt wurden. Speziell dafür wurden kleine Traubenparzellen ausgewählt, die von Hand geerntet und behutsam und auf natürliche Weise vinifiziert wurden. Nach der Fermentierung reift der Wein weitere elf Monate lang in französischen Eichenfässern. Der Wein mit der angenehm hellen Herbstgold-Farbe zeigt in der Nase Limetten- und Melonenaromen mit leichten Eichen- und Nussnuancen. Am Gaumen entfaltet er einen Kern aus frischer Säure mit einem Geschmackserlebnis nach frischen Früchten und Hefe.

The Keermont Terrasse 2010, the maiden release of this white blend, derives its name from the terraced vineyards on the property from which the grapes are harvested. The backbone of the blend is Chenin Blanc, complemented by small portions of Chardonnay and Viognier. Total production was just six barrels, yielding 1575 bottles. Small parcels of grapes were specifically selected, harvested by hand, and gently and naturally vinified. The wine was fermented and then spent a further eleven months maturing on the lees in French oak barrels. An attractive light autumn-yellow colour, the wine displays lime and melons on the nose with light oak and nut aromas. The palate is defined by a central core of fresh acidity, with layers of fruit and rich lees.

Für das Fleisch

1 x 1,6 kg Kaninchen (entbeint, eingelegt in eine Marinade aus portweinähnlichem Weißwein, Salbei und Orangen-schalen), Rapsöl zum Braten, Mehl zum Bestäuben

Für die Farce

1 Hähnchenbrust, 1 Eiweiß, 75 ml Sahne,
Salz & gemahlener schwarzer Pfeffer

Für die Sauce

Kaninchenknochen & -schulter, 50 g Butter, 2 kleine Zwiebeln, 1 Stange Lauch (nur den weißen Teil), 100 g Sellerie, 200 ml Weißwein (am besten einen ausgewogenen Wein wie Chenin Blanc / Riesling), 1 l Hühnerbrühe, 2 Salbeizweige, 2 Lorbeerblätter, einige weiße Pfefferkörner

Für die Bohnen

100 g getrocknete weiße Bohnen, 50 g Butter, 1 kleine Zwiebel (fein gehackt), 30 ml Weißweinessig, vorzugs-weise nach Balsamico-Art, Salbeizweig, 1 Lorbeerblatt

Für die Kartoffelringe

2 mittelgroße Kartoffeln (geschält), Rapsöl

Für den Spinatsalat

100 g junge Spinatblätter, 2 EL Kürbiskerne, 1 EL Kürbis-kernöl, 2 EL Olivenöl, 1 EL Sherry-Essig (oder weißer Balsamico-Essig)

For the meat

1 x 1,6 kg rabbit (de-boned and marinated in white port-style wine, sage & orange zest), Canola oil for frying, Flour for dusting

For the farce

*1 chicken breast, 1 egg white, 75 ml cream,
Salt & ground black pepper*

For the sauce

Rabbit bones & shoulders, 50g butter, 2 small onions, 1 leek (white part only), 100g celeriac, 200ml white wine (select a balanced wine like Chenin Blanc / Riesling), 1 L chicken stock, 2 sprigs of sage, 2 bay leaves, A few white peppercorns

For the beans

100 g dried white haricot beans, 50 g butter, 1 small onion (finely chopped), 30 ml white wine vinegar (preferably balsamic-style), Sprig of sage, 1 bay leaf

For the potato disc

2 medium potatoes (peeled), Canola oil for frying

For the spinach salad

100 g young spinach leaves, 2 Tb pumpkin seeds, 1 Tb pumpkin seed oil, 2 Tb olive oil, 1 Tb sherry vinegar (or use white balsamic vinegar)

Köstliches Kaninchen mit weißen Bohnen & Püree, Spinatsalat mit Kürbiskernen & Kürbiskernöl sowie Bratkartoffelringe

The best of rabbit with white beans & puree, spinach salad with pumpkin seeds & fried potato discs

Knochen aus Rücken, Filet und Beinen entfernen (bzw. bitten Sie Ihren Metzger, das Kaninchen zu entbeinen und nehmen Sie die Knochen für die Soße mit nach Hause). Das Fleisch eine Stunde lang in eine Marinade aus portwein-ähnlichem Weißwein, gehacktem Salbei und etwas fein ge-schnittener Orangenschale einlegen. Bauchstück in feine Strei-fen schneiden, um es später knusprig zu braten. Leber und Nieren auf Küchenpapier beiseitelegen.

Zur Herstellung der Fleischrolle muss man eine **Hähn-chenfarce** (Mousse) als Bindemittel verwenden. Alle Zutaten sollten gut gekühlt sein. Hähnchenbrust in feine Würfel schnei-den, würzen und 10 Minuten lang im Gefrierfach kühlen. Das Hähnchenfleisch in einer Küchenmaschine 30 Sekunden lang vermengen. Eiweiß hinzufügen und weitere 30 Sekunden lang vermengen, bis sich alles verbindet. Zuletzt die Sahne langsam zugießen. Wichtig ist, dass die Farce während des gesamten Vorgangs gekühlt bleibt. Abschmecken und gegebenenfalls nachwürzen. Backofen auf 140 °C vorheizen. Etwas Rapsöl in einer Pfanne erhitzen (sie muss groß genug für die Fleischrou-lade sein) und die Fleischroulade in Alufolie von allen Seiten anbraten. Roulade in eine Auflaufform legen und 12 Minuten lang bei 140 °C braten. Dabei alle zwei Minuten wenden. Zwi-schenzeitlich die Bauchstreifen in derselben Pfanne knusprig braten und im Backofen warm halten. Leber und Nieren mit Mehl bestäuben und in derselben Pfanne eine Minute lang anbraten. Backofen ausschalten und alle Fleischstücke darin ruhen lassen. Darauf achten, dass die Leber nicht verkocht.

Für die Fleischroulade ein 25 x 25 cm großes Quadrat aus Alufolie ausschneiden. Entlang der Vorderkante ein 20 x 10 cm großes Rechteck mit Butter bestreichen. An den übrigen drei Seiten einen Rand von 2,5 cm aussparen, damit leichter aufge-rollt werden kann. Kaninchenschlegel und -rücken der Länge nach halbieren und auf den gebutterten Teil der Alufolie legen. Mit Salz und Pfeffer würzen und die Farce darauf verteilen. Da-bei alle Lücken ausfüllen, sodass ein akkurates Rechteck ent-steht. Einrollen und die Folie an den Seiten einschlagen. In den Kühlschrank stellen.

Für die **Sauce** Knochen und Schulter in walnussgroße Stücke zerkleinern und in gesalzener Butter goldbraun an-braten. Zwiebeln, Lauch und Sellerie hinzugeben und weitere 10 Minuten dünsten. Danach einen Schluck Weißwein dazu-gießen. Mischung mit Hühnerbrühe aufgießen und zum Ko-chen bringen. Salbei, Lorbeerblätter und weiße Pfefferkörner hinzufügen und eine Stunde lang köcheln lassen. Durch ein Musselintuch passieren.

Bohnen mit einem Teelöffel Salz über Nacht in der drei-fachen Menge Wasser einweichen. Auflaufform erhitzen, Butter und Zwiebel hinzufügen und goldbraun andünsten; Bohnen dazugeben und anschwitzen. Auflaufform mit Essig ablöschen und das Bohnenwasser hinzugießen. Salbei und Lorbeerblatt hinzufügen. Bohnen zum Kochen bringen, danach bei gerin-ger Wärmezufuhr köcheln lassen, bis sie weich, aber noch biss-fest sind. Die Hälfte der Bohnen herausnehmen und die andere Hälfte weiterkochen, bis sie ganz weich sind. Durch ein Sieb passieren, damit ein Püree entsteht, und mit den bissfesten Bohnen vermengen. Die Konsistenz kann später noch durch Zugabe von Kaninchenfond verändert werden.

Kartoffeln in feine Streifen schneiden und salzen. In vier Portionen aufteilen. In Eierringen in der Pfanne unter Zugabe von Rapsöl knusprig braten. Kann auch im Voraus zubereitet werden.

Spinatblätter waschen und trocknen. Kürbiskerne in einer kleinen Pfanne rösten. Nicht anbrennen lassen! Alle übrigen Zutaten für das Dressing miteinander vermischen.

Vor dem Servieren Bohnen bei niedriger Hitze in einer Auflaufform erwärmen. Auf jeden Teller die gleiche Menge an Spinatblättern geben. Darauf die Kürbiskerne und Bauch-fleischstreifen platzieren und mit dem Salat-Dressing beträu-feln. Die Fleischroulade in acht Scheiben aufteilen. Auf jeden Teller zwei Scheiben, zusammen mit Leber und Nieren platzie-ren. Danach folgen die Bohnen. Soße darüber geben und mit den Kartoffelringen garnieren.

Debone the loin, fillet and legs (or ask your butcher to do so, retaining the bones for the sauce). Marinate in some white port-style wine, chopped sage and a little fine orange zest for one hour. Cut the belly meat into fine strips to fry until crisp at a later stage. Keep the liver and kidneys aside on kitchen paper.

To make a roll it is essential to use a little **chicken farce** (mousse) as binding agent and all the ingredients should be well chilled. Cut the chicken breast into fine cubes, season and chill in the freezer for 10 minutes. Blend the chicken on its own in a blender or food processor for 30 seconds. Add the egg white and blend for a further 30 seconds until it starts to bind. Lastly, pour the cream in slowly. It is important that the farce stays cold during the process. Check seasoning and adjust as necessary.

Heat the oven to 140 °C. Heat a pan (large enough to fit the roll in), add a little canola oil and fry the roll in the tin foil on all sides. Place the roll into an oven dish and roast at 140 °C for 12 minutes, turning it every two minutes. In the meantime, fry the belly strips in the same pan until crisp and keep warm in the oven. Flour the liver and kidneys, and fry in the same pan for one minute. Switch the oven off and allow all the meat to rest inside the oven while plating the dish, making sure the liver doesn't overcook.

For the roll cut a 25 x 25 cm square of heavy duty tin foil and butter a 20 x 10 cm rectangle bordering on the front edge using a pastry brush. Leave a 2,5 cm border on the other three sides for ease of rolling. Slice the legs and the loin in half length-wise and lay out on the buttered tin foil. Season with salt and pepper, and spread the farce onto it, filling all the gaps and creating an accurate rectangle. Roll it over, closing the sides of the foil tightly. Refrigerate.

Sauce: Chop the bones and the shoulders into walnut-sized pieces and roast in salted butter until nicely brown. Add onion, leek and celeriac, and roast for a further 10 minutes before adding a dash of the white wine. Top the mixture with chicken stock and bring to the boil. Add sage, bay leaves and white peppercorns, and simmer for one hour. Strain through a muslin cloth.

Soak the **beans** overnight in three times their amount of water and a teaspoon of salt. Heat up a casserole dish, add the butter and the onion, and fry until lightly brown; add the beans and sweat until they are hot. Deglaze the casserole dish with vinegar and add the water in which the beans were soaked. Add the sage and bay leaf. Bring the beans to the boil, then simmer until they are fairly soft but retain a firm texture. Take half of the beans out and cook the remaining half until very soft. Pass through a sieve to make a puree and mix with the beans taken out earlier. The consistency may need to be adjusted at a later stage using some of the rabbit stock.

Slice the **potatoes** into fine strips and season with salt. Divide into four portions. Place in the pan within an egg ring and fry until crispy in canola oil. This can be done in advance.

Wash and dry the baby **spinach leaves**. Dry-fry the pumpkin seeds in a small pan, taking care not to burn them. Mix the remaining ingredients for the dressing.

To serve warm up the beans in a casserole at a low heat. Place equal amounts of spinach leaves topped with seeds and belly strips on each plate, and drizzle with the salad dressing. Slice the roll into eight slices, and arrange two slices together with the liver and the kidney, on each plate, followed by the beans. Dress with the sauce and garnish with a potato disc.

Keermont Terrasse 2010

Bei diesem charaktervollen Wein denkt man sofort an Kaninchen mit seinen subtilen Fleischaromen und der festen Textur. Kürbiskerne und Spinatsalat harmonieren mit den blumignussigen Aromen.

The key of pairing this wine is its rich leesy character and rabbit came first to mind with its subtle meat aromas but tightly knitted texture. The pumpkin seeds and the spinach salad are in harmony with the floral and nutty aromas.

Kleine Zalze

Die Kombination von Essen und Wein, verbunden mit der Möglichkeit, den Lebensstil der »Winelands« zu erfahren, stand für Kobus Basson und Kleine Zalze stets im Vordergrund. 2004 wurde das preisgekrönte Restaurant »Terroir« eröffnet, das auf die französisch-mediterrane Küche mit »Kap-Einschlag« – einer Kreation von Küchenchef Michael Broughton – spezialisiert ist.

The combination of food and wine, and the creation of a winelands lifestyle experience, has always been an important vision for Kobus Basson and Kleine Zalze. They opened their award-winning »Terroir« restaurant, which specialises in French-Mediterranean cuisine with a Cape twist created by chef-patron Michael Broughton, in 2004.

Das Anwesen
The Estate

Kleine Zalzes Winzertradition reicht bis ins Jahr 1695 zurück: Seit dieser Zeit wurde der Wein von mehreren bekannten Familien auf dem Anwesen hergestellt. Auch heute wird auf dem familienbetriebenen Weingut außerhalb von Stellenbosch diese Winzertradition fortgeführt. Seit Kobus Basson und seine Familie den Besitz im Jahre 1996 erwarben, ist der Weinkeller aufwendig modernisiert und auf den neuesten Stand gebracht worden. Zudem wurden die Weinberge mit neuen Klonen bepflanzt.

Kleine Zalze war auch an der Gründung von De Zalze Winelands Estate sowie des De Zalze Golf Course beteiligt, einem von nur drei Golfclubs weltweit, die in die Kulisse von Weinbergen und einem Weingut eingebettet sind. Der 2002 eröffnete 18-Loch-Golfplatz wurde von dem weltweit angesehenen Golfplatz-Designer Peter Matkovich angelegt. Das 2005 eröffnete Boutique-Hotel Kleine Zalze Lodge liegt am ersten Fairway des Golfplatzes. Die Lodge verkörpert die Vision des Eigentümers, auf dem Anwesen die Möglichkeit zu haben, den Lebensstil der »Winelands« zu erleben: Hier können die Gäste buchstäblich essen, trinken, spielen und verweilen.

In den vergangenen 15 Jahren konnten die Weine von Kleine Zalze große Erfolge verzeichnen. Zu den bedeutendsten Höhepunkten zählen Titel wie Südafrikas Weinproduzent des Jahres 2007 und Dreinationen-Sieger 2009, sowie unzählige regionale bzw. internationale Auszeichnungen und Preise, die allesamt an den Wänden des Verkostungsraums voller Stolz ausgestellt werden. Die Marke Kleine Zalze hat sowohl national als auch international an Bedeutung gewonnen, und seine Weine werden heute in Top-Hotels und Restaurants auf der ganzen Welt, aber auch auf internationalen Flügen der Business- und First-Class-Airlines serviert.

Kobus und sein Geschäftspartner Rolf Schulz (der 2005 die Anteile von Kobus' Schwager Jan Malan kaufte) sind von ihren vielen Freunden, die alle eine wichtige Rolle gespielt haben, begeistert und ihnen sehr dankbar. »In den vergangenen 15 Jahren befanden wir uns auf einer faszinierenden Reise, die aber keinesfalls schon beendet ist. Es gibt noch so viele Dinge, die wir hoffentlich mithilfe unseres Mitarbeiterteams hier und mit Unterstützung unserer Freunde in der Industrie erreichen werden.«

Das Weingut Kleine Zalze baut seine Premium-Rebsorten auf gut drainierten, nach Süden gelegenen dunkelroten Böden, die eine gleichmäßige Reifung der Früchte gewährleisten. Im Jahre 2002 kaufte Kleine Zalze die auf dem Nachbargut Groote Zalze gelegenen Weinberge dazu, die mit Cabernet Franc, Cabernet Sauvignon, Merlot, Sauvignon Blanc und Shiraz bepflanzt sind. Kleine Zalze bezieht seinen Wein aber auch von anderen ausgewählten Weinbergen, darunter solche mit Buschwein-Anpflanzungen bzw. mit Lagen in den kühleren Küstenregionen.

Kleine Zalze has a winemaking tradition dating back to 1695, and through the years wine has been made on the farm by various well-known families. Today, this family-owned winery just outside Stellenbosch continues this winemaking tradition. Since Kobus Basson and his family purchased the property in 1996, the cellar has been extensively modernised and upgraded, and the vineyards were replanted with new clones.

Kleine Zalze was also involved in the creation of the De Zalze Winelands Estate and De Zalze Golf Course, one of only three golf clubs in the world set among working vineyards and a winery. Opened in 2002, the 18-hole golf course was designed by world-renowned golf course designer, Peter Matkovich. Kleine Zalze Lodge, their boutique hotel which opened in 2005, is set alongside the first fairway of the golf course. The lodge completes the owner's vision of creating the ultimate winelands lifestyle experience on the estate, where guests can quite literally drink, eat, play and stay.

There have been plenty of successes for Kleine Zalze wines over the last 15 years. SA wine producer of the year 2007 and Tri-nations winner 2009 being significant highlights, and numerous local and international awards

and accolades are proudly displayed on the walls of the tasting centre. The Kleine Zalze brand has grown in strength both locally and internationally, and their wines are now enjoyed in top hotels and restaurants worldwide, as well as on many international business and first-class airlines.

Kobus and his business partner Rolf Schulz (who bought Kobus' brother-in-law Jan Malan's share in 2005) are delighted and grateful to so many friends for the parts that they have played. »We have had an amazing journey over the last 15 years, but it isn't finished by any means. There are plenty more things we hope to achieve with the help of our team of people here and the support of our friends in the industry.«

The farm Kleine Zalze is planted with premium varieties on south-facing, well-drained, dark red soils, which allow for even ripening of fruit. Kleine Zalze also acquired the vineyards located on the neighbouring farm Groote Zalze in 2002, which are planted with Cabernet Franc, Cabernet Sauvignon, Merlot, Sauvignon Blanc and Shiraz. Wine is also sourced from other specific vineyards that include old bush vine plantings and vineyards in cool coastal conditions.

Traumhaftes Leben in der Tradition der Winelands: für Gäste auf Kleine Zalze modern interpretiert.

Dreamy life in the tradition of the winelands: interpreted with a modern twist for guests at Kleine Zalze.

Das Weingut
Winery

Der alte Weinkeller wurde von Grund auf saniert und ein Lagerkeller darunter angelegt – ohne dabei die historischen Aspekte der alten Gebäude außer Acht zu lassen. Im sonnigen Südafrika ist die Kühlung ein großes Thema: Kleine Zalze hat die Möglichkeiten, die gesamten 3000 Tonnen von der Ernte bis zur Lagerung in Tanks und Flaschen zu kühlen. Sowohl in den Weißwein- als auch den Rotweinkellern werden Temperatur und Feuchtigkeit ständig überprüft, um die Gärung bzw. Reifung der Weine zu optimieren. Alle Stufen der Weinherstellung werden sorgfältig überwacht, und es werden Proben genommen, die dann in dem gut ausgestatteten Labor untersucht werden. Bewegung und Entwicklung jedes einzelnen Weins, d. h. der gesamte Prozess vom Weinberg bis zur Flasche, sind nachvollziehbar und auf dem Computer gespeichert.

***T**he old cellar has been refurbished and modernised from top to bottom, and a maturation cellar excavated beneath it, all without losing sight of the sense of history pervading the buildings. In sunny South Africa, cooling is of paramount importance, and Kleine Zalze has the facility to cool the entire 3000-ton capacity from harvest through to storage of wine in tank and bottle. Both the white and red barrel cellars have temperature and humidity controls in place to optimise fermentation and maturation of wines. All stages of the winemaking process are carefully monitored and samples tested in their well-equipped laboratory. The movement and development of each individual wine, covering the entire process from vineyard to bottle, is traceable and recorded on computer.*

Die Menschen
Personalities

Kobus Basson, der in Stellenbosch 15 Jahre lang als Jurist tätig war, bevor er Kleine Zalze erwarb, ist heute der Geschäftsführer von Kleine Zalze und außerdem verantwortlich für den Export, das Marketing und den Verkauf. Kobus wurde in Stellenbosch geboren und wuchs dort auch auf und war schon immer ein stolzer Botschafter für diese ganz besondere Weingegend. Er bewohnt das Anwesen zusammen mit seiner Frau Mariette und den Kindern.

»Bevor ich in diesem Wirtschaftszweig begann, unternahm ich Auslandsreisen nach Frankreich und Italien, wo ich so viele wunderschöne Orte zu sehen bekam und wundervolle Weine und Speisen genießen durfte. Als ich wieder in Südafrika war, sah ich eigentlich keinen Grund, weshalb wir diesen fabelhaften Lebensstil nicht auch hier in Stellenbosch haben sollten: Und genau das haben Winzer Johan Joubert und Küchenchef Michael Broughton zusammen mit ihren Mitarbeitern hier geschaffen, damit sich alle Menschen genauso daran erfreuen können wie wir es tun«, sagt Kobus.

KOBUS BASSON, JOHAN JOUBERT & MICHAEL BROUGHTON

Kobus Basson, who was in legal practice for 15 years in Stellenbosch before he bought Kleine Zalze, is Managing Director of Kleine Zalze, and also responsible for exports, marketing and sales. Kobus was born and raised in Stellenbosch, and to this day remains a proud ambassador for this special wine region. He lives on the estate with his wife Mariette and their children.

»Before I started in this industry, I travelled overseas to areas in France and Italy, where I saw many beautiful places and enjoyed wonderful wines and meals. When I came back to South Africa, it seemed to me that there was no reason why we couldn't all enjoy that fabulous lifestyle right here in Stellenbosch, and that is what winemaker Johan Joubert and chef Michael Broughton and their teams have created for everyone to share and enjoy it as much as we do«, says Kobus.

Die Weine
The Wines

Die Weine der Kleinen Zalze werden in drei Produktreihen angeboten: das Sortiment Cellar Selection, die Vineyard Selection und das wichtigste Sortiment, das Family Reserve. Das Team ist der Überzeugung, dass große Weine im Weinberg entstehen, deshalb wird während der Wachstumsperiode jeder Weinberg individuell beurteilt und bearbeitet. Jede Weinbergparzelle wird unabhängig vinifiziert, sodass das Winzerteam die Möglichkeit erhält, Weine mit einem Bezug und Gefühl für Lage und Ort zu kreieren. Es findet ein umfassendes Ertragsmanagement statt, um fruchtbetonte Weine von herausragendem Charakter und Reifepotenzial zu produzieren. Im Weinkeller, der traditionelle Weinherstellungsmethoden mit moderner Ausstattung kombiniert, entstehen Weine im unverkennbar südafrikanischen Stil, die sehr gut mit dem Essen harmonieren.

Der Winzer Johan Joubert kam 2002 auf das Weingut Kleine Zalze. Durch seine außergewöhnliche Aufmerksamkeit und Liebe zum Detail ging es mit den Weinen von Kleine Zalze Schritt für Schritt bergauf. »Eine Philosophie und Vision besteht darin, Weine mit der höchsten Sortenreinheit und ausgewogenem Säuregehalt zu produzieren. So können die Weine ihr optimales Reifepotenzial erreichen, das nötig ist, um den von unseren anspruchsvollen internationalen Weinkonsumenten gesetzten hohen Standards gerecht zu werden.«

*Th*e Kleine Zalze wines are ranged in three tiers: The Cellar Selection range, the Vineyard Selection range and the flagship Family Reserve range. The team believes that great wines are made in the vineyard, and each vineyard is assessed and managed individually during the growth period. Each vineyard block is vinified independently, giving the winemaking team the building blocks to create wines with a sense of place. Extensive yield management is also done, to produce fruit-driven wines with outstanding character and maturation potential. In the cellar, traditional winemaking methods, supported by modern equipment, result in wines of a discernibly South African style that are well suited to food.*

Johan Joubert joined Kleine Zalze as winemaker in 2002. His focus and exceptional attention to detail have taken Kleine Zalze wines from strength to strength. »My philosophy and vision is to produce wines that deliver the purest varietal fruit character with the perfect acidity balance. This enables the wines to reach their optimal ageing potential to meet the demanding standards set by our discerning international wine consumers.«

Kulinarische Weinbegleitung
Wine Pairing

Der Family Reserve Cabernet Sauvignon 2009 stammt von einem einzigen, auf einem Hügel gelegenen Weinberg auf Kleine Zalze. Die Trauben werden von Hand gepflückt und auf dem Sortiertisch von Hand verlesen. Danach werden die 50 % ganzen Beeren und 50 % leicht zerstoßenen Trauben kalt eingeweicht und mit Hefe inokuliert. Traditionsgemäß fermentiert und in offenen Behältern zerstampft, folgt eine fünfwöchige Phase von ausgiebigem Kontakt der Beeren untereinander. Der Wein reift anschließend 24 Monate lang in ausgewählten, neuen französischen Eichenfässern. In der Nase zeigt er tiefschichtige Noten von Waldfrüchten sowie Pflanzen- und Wildaromen. Der Jahrgang 2009 zeigt Konzentration und Länge auf dem Gaumen mit einer reizvollen Kombination von schwarzen Beerenfrüchten. Der starke Abgang aus Weiße Zeder-/Eichentanninen sorgt für einen anhaltenden Nachgeschmack.

The Family Reserve Cabernet Sauvignon 2009 was sourced from a single hilltop vineyard on Kleine Zalze estate. The grapes were hand-picked, hand-selected on the sorting table, and then 50 % whole berry and 50 % slightly crushed grapes were cold soaked and inoculated with yeast. Thereafter it was traditionally fermented and punched down in open tanks, followed by an extended skin contact period of five weeks. The wine was then matured in hand-selected new French oak barrels for 24 months. It shows deep-piled forest fruit, vegetative and gamey notes on the nose. The 2009 vintage is one of concentration, and the wine has great length on the palate with an alluring combination of blackberry fruit. A firm white cedar oak tannin finish delivers a lingering aftertaste.

Für das Fleisch
600 g Schweinefilet, Salz & frisch gemahlener Pfeffer, ½ TL frischer Zitronenthymian (fein gehackt), 1 Eiweiß (leicht geschlagen), 50 g Haselnüsse (grob gehackt), 40 g Butter zum Anbraten

Für das Zuckermais-Püree
1 großer Maiskolben, 30 g Butter, 1 Zwiebel (in Würfel geschnitten), 1 Frühlingszwiebel (nur der weiße Teil, fein geschnitten), 50 ml Weißwein, etwas Zitronensaft oder weißer Balsamico-Essig, 4 sonnengetrocknete Tomaten (eingeweicht & fein geschnitten als Garnierung), Sahne

Für die Beilagen
4 Scheiben Schinken (im Backofen knusprig gebraten), 2 mittelgroße Auberginen (geschält & in acht dicke Scheiben geschnitten), 100 ml Olivenöl zum Anbraten, etwas Zitronensaft, ½ TL Salz, 2 mittelgroße Steinpilze (mit feuchtem Küchenpapier gesäubert & in Scheiben von einem halben Zentimeter geschnitten), 1 EL Pesto (siehe Rezept auf Seite 124), Rucola & Haselnussöl zum Garnieren

---

For the meat
600 g pork fillet, Salt & freshly ground pepper, ½ ts fresh lemon thyme (finely chopped), 1 egg white (lightly whipped), 50 g hazelnuts (roughly chopped), 40 g butter for frying

For the sweet corn puree
1 large cob of corn, 30 g butter, 1 onion (diced), 1 spring onion (white only, finely cut), 50 ml white wine, Drizzle of lemon juice or white balsamic vinegar, 4 sun-dried tomatoes (soaked & finely sliced, to garnish), cream

For the accompaniments
4 slices prosciutto (dried in the oven until crisp) 2 medium-sized aubergines (peeled & cut into eight thick slices), 100 ml olive oil for frying, Drizzle of lemon juice, ½ ts salt, 2 medium-sized porcini mushrooms (wiped with moist kitchen paper & cut into half-centimetre-thick slices), 1 Tb pesto (see recipe on page 124), Rocket leaves & hazelnut oil, to garnish

Schweinefilet mit Haselnusskruste, Zuckermais-Püree, knusprigem Schinken & Steinpilzen

Hazelnut-crusted pork fillet with sweet corn puree, crisp prosciutto & porcini mushrooms

Aus dem **Schweinfilet** pro Person zwei Medaillons herausschneiden; mit Salz, Pfeffer und Zitronenthymian würzen. Eine Seite der Schweinemedaillons in das Eiweiß tauchen und danach in die Haselnüsse drücken. Die »Haselnussseite« des Schweinemedaillons bei niedriger Hitze in leicht gebräunter Butter anbraten. Die Haselnüsse sind sehr schnell angeröstet; sobald sie gebräunt sind, Medaillons wenden und drei bis vier Minuten lang bei 180 °C in den Backofen legen. Vor dem Servieren einige Minuten lang ruhen lassen.

Äußere Blätter und Fäden entfernen und den **Maiskolben** 15 Minuten lang in Salzwasser kochen, bis er weich ist. Aus dem Wasser nehmen, abkühlen lassen und Maiskörner vom Kolben ablösen; ein Drittel davon für spätere Verwendung beiseitestellen. In einer flachen Pfanne die Zwiebeln in Butter andünsten, die übrigen zwei Drittel der Maiskörner hinzufügen, mit Wein ablöschen und etwas Kochwasser mit der Sahne (gerade genug, damit sie davon bedeckt sind) hinzufügen. Einige Minuten lang bei niedriger Temperatur kochen und noch heiß in der Küchenmaschine zu einer geschmeidigen Masse vermengen. Die restlichen Maiskörner hinzugeben und nachwürzen.

In einer Pfanne etwas Olivenöl erhitzen und die mit Salz und Zitronensaft gewürzten **Auberginenscheiben** auf beiden Seiten darin andünsten, bis sie weich sind; dann aus der Pfanne nehmen und warmstellen. In die gleiche Pfanne noch etwas **Olivenöl** geben und die Steinpilze kurz von beiden Seiten anbraten, dann mit Pesto bestreichen.

Vor dem Servieren das Zuckermais-Püree mit einem Löffel auf den Tellern anrichten und mit ein paar sonnengetrockneten Tomaten garnieren. Alle übrigen Komponenten auf den Tellern arrangieren und mit Rucola und einigen Tropfen Haselnussöl garnieren.

*Slice two medallions per person of the **pork fillet**; season with salt, pepper and lemon thyme. Dip the one end of the pork medallion into the egg white and then press into the hazelnuts. Fry the hazelnut side of the pork medallion first at a low heat in slightly browned butter. The nuts will colour quickly; when brown, turn the medallion over and place it in the oven for three to four minutes at 180 °C. Leave to rest for a few minutes before serving.*

*Remove the outer husk and silk, and boil the corn on the **cob** in salted water for 15 minutes until cooked. Remove, leave to cool and cut the corn kernels off the cob, setting aside a third for later use. In a flat pan, sweat the onions in the butter and add the remaining two-thirds of the corn kernels, deglaze with wine, and add a little boiling water and the cream (just enough to cover them). Cook at a low heat for a few minutes and blend while still hot in the food processor until smooth. Add the rest of the kernels and adjust the seasoning.*

*Heat some of the olive oil in a pan and fry the **aubergine** slices, seasoned with salt and lemon juice, on both sides until soft; remove and keep in a warm place. Add more olive oil to the same pan, and fry the **porcini** slices briefly on both sides before brushing with the pesto.*

To serve heat and spoon the sweet corn puree onto the plate and top with some of the sun-dried tomatoes. Arrange all the other components on the plate, and garnish with rocket leaves and drops of hazelnut oil.

Kleine Zalze Cabernet Sauvignon 2009

Das Schweinefilet passt sehr gut zu dem recht jungen Cabernet mit seinem Eukalyptus-Charakter und den frischen Fruchtaromen: Er ähnelt einem Cabernet aus italienischem bzw. mediterranem Anbau. Sämtliche Komponenten des Gerichts harmonieren in ihrer Textur, und der nussige Geschmack der Haselnüsse sowie des Rucolas stellen ein Gegengewicht zu den dominant vorhandenen Barrique-Nuancen dar.

The pork fillet partners well with the rather young Cabernet, which has a eucalyptus and opulent fresh fruit character, and is similar to an Italian- or Mediterranean-grown Cabernet. All the elements in the dish harmonise through texture and the nuttiness of the hazelnuts, and the rocket balances the dominant barrique overtones currently present.

Kleinood Winery

Unter dem Label Tamboerskloof werden auf Kleinood in Handarbeit ein Rot- und ein Weißwein nach Art der Rhône-Weine kreiert.
Die unverwechselbaren, eher unscheinbar anmutenden Etiketten
werden von Hand mit einer antiken Druckerpresse auf Büttenpapier
gedruckt, auf die richtige Größe gezogen und wiederum von Hand
auf jede einzelne Flasche geklebt.

*Kleinood handcrafts two Rhône-style wines,
a red and a white, under the Tamboerskloof
label. The distinctive, understated labels
are hand-printed using an antique press on
hand-made paper, torn to size and stuck
onto each individual bottle by hand.*

Kleinood

Das Anwesen
The Estate

Die Wurzeln der Familie De Villiers in den südafrikanischen Weinbaugebieten reichen über 300 Jahre zurück. Im Jahre 1688 kam der französische Hugenotte Jacob de Villiers am Kap der Guten Hoffnung an und ließ sich in Boschendal bei Stellenbosch als Winzer nieder.

Im Jahre 2000 besuchte sein direkter Nachfahre in der 11. Generation ein kleines Gut, ebenfalls in der Nähe von Stellenbosch gelegen. Sein Spaziergang führte ihn über 22 Hektar guten, lehmhaltigen Boden, durch unberührte Wälder und an Flussläufen entlang, in denen es von Forellen nur so wimmelte. Nachdem er sich mit seiner Frau Libby beraten hatte, entschieden sie sich, den Sprung ins kalte Wasser zu wagen und das idyllische Anwesen zu kaufen.

Ihr Weingut Kleinood liegt im Blaauwklippen-Tal, in einem der ersten Weinbaugebiete des Kaps. Sein Name ist Afrikaans – eine Mischung aus Holländisch und Deutsch – und bedeutet »etwas Kleines, Wertvolles«. Und genau das ist Kleinood auch für Gerard und Libby – ein kleines Weingut, an dem ihr Herz hängt.

Nach sorgfältiger Prüfung von Sorten und Anbaugebieten entschied man sich, Shiraz, Mourvèdre und Viognier an den Nord- bzw. Westhängen anzupflanzen. In jüngerer Zeit kam noch eine kleinere Anbaufläche mit der Sorte Rousanne hinzu.

Fünf verschiedene Olivensorten – Favolosa, Leccino, Frantoio, Coratina und Delicata – wurden sorgfältig für den Anbau ausgewählt: Sie sind die Basis zur Herstellung des preisgekrönten, ungefilterten Extravergine-Olivenöls, das von Hand verlesen und kalt gepresst wird.

Die restlichen zehn Hektar verfügten schon bald über eine hochmoderne Weinkellerei, ein Gutshaus und Gärten, die unter Libbys grünem Daumen bestens gediehen.

*I*n 1688, French Huguenot Jacob de Villiers arrived at the Cape of Good Hope to settle as a wine farmer on Boschendal near Stellenbosch.

In 2000, Gerard de Villiers, the 11th generation of the family in South Africa, visited a small farm, also near Stellenbosch. A leisurely walk took him across 22 hectares of quality clay-based soils, through unspoiled indigenous forests and along tracts of a trout-filled stream. He consulted his wife, Libby, and together they decided take the plunge and buy the idyllic property.

Their farm, Kleinood, lies in the Blaauwklippen Valley in one of the Cape's premier red wine areas. Its name is an Afrikaans word of Dutch and German origin meaning »something small and precious«. This is exactly what Kleinood represents to Gerard and Libby – a small farm, very dear to their hearts.

After careful selection of both varieties and sites, Shiraz, Mourvèdre and Viognier were planted on ten hectares on north- and west-facing slopes and, more recently, a small block of Rousanne. No less than five olive varieties – Favolosa, Leccino, Frantoio, Coratina and Delicata – were carefully selected and planted on two hectares to proportionally make up the parts of their award-winning unfiltered extra virgin olive oil, which is hand-picked and cold pressed.

The other ten hectares soon boasted a compact state-of-the-art winery, a manor house and gardens manicured by Libby's meticulous green fingers.

Das Weingut & die Gärten
Winery & Gardens

Der Weinkeller ist eine ausgeklügelte Kombination aus Hightech und Tradition, um einen behutsamen Umgang mit den Trauben zu gewährleisten und dem Winzer Flexibilität zu garantieren.

Nachdem die Trauben von Hand gepflückt und verlesen sind, werden die Beeren in einem Satellitentank gequetscht, der dann elektronisch in eine Aufhängevorrichtung angehoben wird, die über den Gärtanks verläuft. Auf diese Weise kann sich der Saft ohne eine unsanfte Pumpbearbeitung absetzen.

Im Weinkeller befinden sich außerdem 19 Gärbehälter aus Edelstahl, in denen kleine Traubenmengen separat vinifiziert werden können. Mit derselben innovativen Aufhängevorrichtung wird ein pneumatisches Punch-down-Gerät betrieben. Der Wein läuft aus den Gärbehältern in Fässer, während die vergorenen Traubenschalen zum Auspressen von Hand in einen Korb gesammelt werden. Der Weinkeller zur Fassreifung besitzt vier unterschiedliche Temperaturbereiche, um eine kontrollierte Apfelmilchsäuregärung bzw. Reifung zu vereinfachen.

Die bezaubernden Gärten von Kleinood sind Ausdruck von Libby de Villiers' kreativen Visionen, die sie mithilfe ihres engagierten Teams unter der Leitung ihrer rechten Hand Michael Hendricks in die Tat umsetzen konnte.

*T*he cellar is a cleverly designed combination of high-tech and tradition, to facilitate very gentle handling of the grapes and afford the winemaker flexibility.

After bunches are hand-picked and -sorted, the berries are crushed in a satellite tank, which is then lifted electronically to a suspension system that runs over the fermentation tanks, allowing the juice to be deposited without undergoing any harsh pumping treatment.

The cellar houses 19 stainless-steel fermenters, allowing small batches of grapes to be vinified separately. The same innovative suspension system also operates a very soft pneumatic punch-down device. The »free run« wine gravitates into barrels from the fermenters, while the fermented skins are scraped by hand into a basket for pressing. The barrel maturation cellar has four different temperature zones, controlled to facilitate malolactic fermentation and maturation.

The delightful gardens at Kleinood are the manifestation of Libby de Villiers' creative vision, achieved and maintained with the help of her hard-working, dedicated team, under the guidance of her right-hand man, Michael Hendricks.

Die Menschen
Personalities

Gerard de Villiers begann seine berufliche Karriere als Bauingenieur in den späten 1970er-Jahren. 1983 gründete er sein eigenes Consulting-Unternehmen »De Villiers & Hulme« und fand schon bald in der wachsenden südafrikanischen Weinindustrie seine Marktlücke. Er befasste sich nun ausschließlich mit der Bauplanung und Arbeitsprozessgestaltung von Weingütern.

Für viele ist er ein Pionier dieses Industriezweigs: Bei über 150 südafrikanischen Weingütern – einschließlich aller 15 in diesem Buch vorgestellten – war er auf die eine oder andere Art in die Planung involviert. Er war auch für die Planung neuer Sektkellereien für renommierte britische Hersteller wie Nyetimber und Rathfinny in West Sussex und Gusbourne in Kent sowie Weingüter in Sonoma, Kalifornien, zuständig.

Während seiner jahrzehntelangen Tätigkeit in der Weinindustrie nahm in dem Visionär Gerard der Wunsch, selbst als Winzer tätig zu sein, Gestalt an, so-dass er schließlich Kleinood erwarb. Seine scharfe Beobachtungsgabe erleichterte ihm den Übergang vom Bauingenieur zum Winzer: Er war an der Konzeption einiger der besten Weingüter Südafrikas beteiligt gewesen und gehörte zu den führenden Köpfen in dieser Branche. Gerard wusste ganz genau, wie er bei der Planung und Entwicklung seines eigenen Weinguts vorzugehen hatte. »Dies ist ein sehr persönliches und individuelles Projekt, bei dem bezüglich Weinbau und Weinkunde keine Mühe gescheut wurde, um wirklich ausgezeichnete Weine zu produzieren«, lautet sein Fazit.

Der passionierte Winzer Gunter Schultz ist einer von fünf Brüdern, von denen vier in der Weinindustrie tätig sind. Gunter schätzt das einzigartige Anbaugebiet von Kleinood und dessen Bestreben, dies in den Weinen zum Ausdruck zu bringen: »Man muss schmecken, woher ein Wein kommt, nicht was man mit ihm gemacht hat.«

LIBBY & GERARD DE VILLIERS, GUNTER SCHULTZ

Gerard de Villiers began his professional career as a civil engineer in the late 1970s. He started his own consulting company, De Villiers & Hulme, in 1983 and quickly spotted a niche in the growing South African wine industry. Soon he was devoting his time solely to the civil, structural and process design of wineries.

Regarded by many as a pioneer in the industry, he has been involved in the design of more than 150 South African wineries, including aspects of all 15 featured in this book. He also designed new sparkling wine cellars for esteemed British producers Nyetimber and Rathfinny in West Sussex, and Gusbourne in Kent; as well as wineries in Sonoma, California.

A true visionary, it was Gerard's decades of involvement in the wine industry that sparked the dream that led him to buy Kleinood. His keen sense of observation made the transition from engineer to farmer a lot easier – having conceptualised some of the finest wineries in South Africa, this leader in his field knew exactly how to go about designing and developing his own winery. »This is very much a personal and highly individual project where no viticultural or oenological effort has been spared to produce wines of excellence«, he concludes.

Accomplished winemaker Gunter Schultz is one of five brothers, four of whom are involved in the wine industry. Gunter appreciates Kleinood's unique terroir and strives to express this in the wines: »Wine must taste of where it comes from, not of what you have done to it.«

E in Geheimnis der Kleinood-Weine besteht darin, zum exakt richtigen Zeitpunkt zu ernten. Die Weinberge werden von den Mitarbeitern jedes Jahr aus der Vogelperspektive begutachtet, wobei sie sich mit Infrarotaufnahmen einen Überblick über Vitalität und Reifegrad der verschiedenen Anbauabschnitte verschaffen. Dementsprechend erfolgt dann die Ernte in den einzelnen Abschnitten.

Ein Spitzenwein, hergestellt aus den Weintrauben ausgewählter Abschnitte und mit dem Etikett des Weinguts Kleinood versehen, wird von seinem stetig wachsenden Kundenstamm mit Spannung erwartet.

O ne of the secrets of the Kleinood wines lies in picking at exactly the right time. Each year the team inspects the vineyards from an aerial perspective, allowing them to do an infrared survey which determines the vigour and ripeness of different areas in each block. Each area is then picked accordingly.

A top-tier wine, made from fruit off selected blocks and labelled under the farm's name, Kleinood, is eagerly anticipated by their growing base of loyal customers.

Kulinarische Weinbegleitung
Wine Pairing

Der gut strukturierte Tamboerskloof Shiraz 2008 enthält 4 % Mourvèdre und einen Hauch Viognier. Die Weintrauben werden von Hand gepflückt und verlesen, bevor sie in die Gärbehälter aus Edelstahl wandern. Dieser einzigartige Wein wird mithilfe einer Kombination aus moderner Technologie und traditionellen Verarbeitungstechniken hergestellt und reift in französischen Eichenfässern heran. Alle vier auf dem Weingut angebauten Shiraz-Klone durchlaufen den Herstellungsprozess getrennt und werden erst dann zusammengemischt. Der entstandene dunkel-rubinrote Wein weist komplexe Beerenaromen, verstärkt durch weißen Pfeffer, Himbeere und Gewürzaromen auf.

The well-structured Tamboerskloof Shiraz 2008 includes 4 % of Mourvèdre and a touch of Viognier. Grapes are hand-picked and -sorted before going into stainless-steel fermenters, where a combination of modern technology and traditional techniques shape this unique handcrafted wine, which is aged in French oak barrels. All four clones of Shiraz planted on the farm are kept separate during the vinification process and then blended. The resultant dark ruby coloured wine shows complex berry aromas on the nose supported by white pepper, raspberry and spicy flavours.

Für das Fleisch

600 g Kudu-Lende (oder jedes beliebige einheimische Wild) ohne Knochen und eingelegt in eine Kräuter-Marinade aus ½ TL frischem Thymian, 1 Lorbeerblatt, 1 TL Pfefferkörner, 5 Wacholderbeeren, ½ TL Korian-dersamen und ½ TL Orangenschale (alles zusammen in einer Gewürzmühle bzw. mit Mörser und Stößel zermahlen), 1 EL Salz, 20 g Butter, 20 g Rapsöl

Für die Brombeer-Reduktion

einen Schluck Rotwein (vorzugsweise Shiraz), 100 ml Gemüsefond, 50 ml Brombeerpüree, 20 g Butter

Für die Pastinaken

4 Pastinaken, 20 g Butter, 1 TL Honig, 100 ml Gemüsefond, 2 EL Brombeerpüree

Für die Polenta

350 ml Milch, 20 g Butter, Prise Muskatnuss, Prise Salz, 60 g Polenta, 1 Eigelb, 4 Scheiben Speck (in 3 cm breite Streifen geschnitten), 1 Blatt Rotkohl (in feine Streifen geschnitten und blanchiert)

Für die Garnierung

8 Brombeeren, eine Hand voll Brunnenkresse (Brunnenkresse und Beeren abspülen und trocknen; Brombeeren halbieren)

For the meat

600 g kudu loin (or use any venison available locally), Herb and spice rub consisting of: ½ ts fresh thyme (finely chopped), 1 bay leaf, 1 ts black peppercorns, 5 juniper berries, ½ t whole coriander seeds, ½t orange rind, finely grated, 1 Tb salt, 20 g butter, 20 g oil

For the blackberry reduction

Splash of red wine (preferably Shiraz), 50 ml blackberry puree, 100 ml vegetable stock, 20 g butter

For the parsnips

4 parsnips, 20 g butter, 1 ts honey, 100 ml vegetable stock, 2 Tb blackberry puree

For the polenta

350 ml milk, 20 g butter, Pinch of nutmeg, Pinch of salt, 60 g polenta, 1 egg yolk, 4 slices of lardo, cut into 3 cm strips, 1 leaf red cabbage, finely sliced in strips & blanched

For the garnish

8 blackberries, Handful of watercress (rinse and dry the watercress and berries; cut the berries in half)

Kudu-Lende mit Brombeer-Reduktion, Polentawürfeln & Pastinaken
Kudu loin with blackberry reduction, polenta cubes & parsnips

Kudu-Lende in die Kräutermarinade einlegen und in einem geschlossenen Behältnis über Nacht im Kühlschrank lagern. Eine Stunde vor der Mahlzeit Kudu-Lende salzen und in dem Butter-/Öl-gemisch in einer heißen Pfanne auf jeder Seite scharf anbraten. Auf einem Ofenblech im vorgeheizten Backofen (130 °C) ca. 25 Minuten lang garen, bis das Fleisch rosa gebraten ist. Aus dem Backofen nehmen und an einem warmen Ort ruhen lassen. Pfanne zur Seite stellen.

Während das Kudu im Backofen gart, **Brombeer-Reduktion** zubereiten: Pfanne mit Rotwein ablöschen, Brombeerpüree und Gemüsefond hinzu-geben und einige Minuten lang köcheln lassen. Mi-schung durch ein Sieb passieren und erst kurz vor dem Servieren wieder erhitzen.

Pastinaken schälen und in Butter, Honig und Gemüsefond andünsten, bis sie weich sind; Brom-beerpüree hinzufügen und beiseitestellen.

Butter in die Milch geben und aufkochen; mit Salz und Muskatnuss abschmecken. Mit dem Schneebesen mit der **Polenta** verquirlen und einige Minuten lang unter Rühren (mit einem Holzlöffel) kochen lassen. Von der Kochplatte nehmen und das Eigelb unterrühren. Die Mischung in einer gebutter-ten viereckigen Schale auskühlen lassen. Sobald sich die Mischung gesetzt hat, durch leichtes Erwärmen aus dem Gefäß entnehmen, in 3 cm große Würfel zerteilen: Einige der Würfel mit Speck, die anderen mit Rotkohl umwickeln. Polenta kurz in gebräunter Butter anbraten, dann zum Erwärmen in den Back-ofen geben.

Vor dem Servieren Fleisch und Pastinaken auf-wärmen. Fleisch zerteilen und alle Komponenten auf vier vorgewärmten Tellern arrangieren; mit war-mer Sauce beträufeln, garnieren und servieren.

Grind all herbs and spices together in a spice mill or a mortar and pestle. Marinate the **kudu loin** in the herb and spice rub and leave in a covered dish in the refrigerator overnight. One hour before serving, season the kudu loin with salt and sear on all sides in the butter and oil mixture in a hot pan. Place on an oven tray in an oven pre-heated to 130 °C, for ap-proximately 20–25 minutes, depending on the thickness, until medium rare. Remove from the oven and allow to rest in a warm place. Set aside the pan.

*While the kudu is in the oven, make the **blackberry reduction** by degla-zing the pan with red wine. Add the blackberry puree and vegetable stock, and simmer for a few minutes. Pass the mixture through a sieve and reheat just before serving. Whisk in the butter to bind and balance the sauce.*

*Peel the **parsnips** and braise in the butter, honey and vegetable stock until soft; add the blackberry puree and set aside.*

*Add butter to the milk and bring to a boil; add salt and nutmeg to taste. Whisk in the **polenta** and boil for a few minutes while stirring with a wooden spoon. Remove from the heat and stir in the egg yolk. Place the mixture into a buttered square dish to cool off. Once the mixture has set, remove from the container by warming it a little, then cut into 3 cm cubes and wrap some in the lard, the rest in the red cabbage. Fry the polenta briefly in browned butter, then place in the oven to soften and heat up.*

To serve *re-heat the meat and the parsnips. Slice the meat and arrange all the components on four warm plates; drizzle with warmed sauce, garnish and serve.*

Tamboerskloof Shiraz 2008

Die Gewürzkruste des Fleisches bringt die ebenfalls würzig-pfefferigen Noten des Weins voll zur Geltung. In Kombination mit dem Wildbret und Speck schafft sie ein harmonisches Gleichgewicht von Textur und Ge-schmack. Die Polenta verbindet auf subtile Weise sämtliche Aspekte von Gericht und Wein.

The spicy rub of the meat tantalizes the equally spicy, peppery notes in the wine. Together with the game and lard it forms a harmonic balance of texture and fla-vours. The polenta is a subtle connector of all aspects of this dish and the wine.

L'Ormarins

Unter dem Namen Anthonij Rupert Wines werden vier Weine angeboten: ein Premium Segment, das Cape-of-Good-Hope-Sortiment
aus standortspezifischen Weinen, ein italienisch inspiriertes Segment
namens Terra-del-Capo sowie ein preiswertes und für den leichten
Trinkgenuss gemachtes Protea-Sortiment.

*Four types of wine are offered under the name of Anthonij Rupert
Wines: a premium sector, the Cape-of-Good-Hope-range made up of
location-specific wines, an Italian inspired sector called Terra-del-Capo
and a low-cost Protea range made for easy drinking enjoyment.*

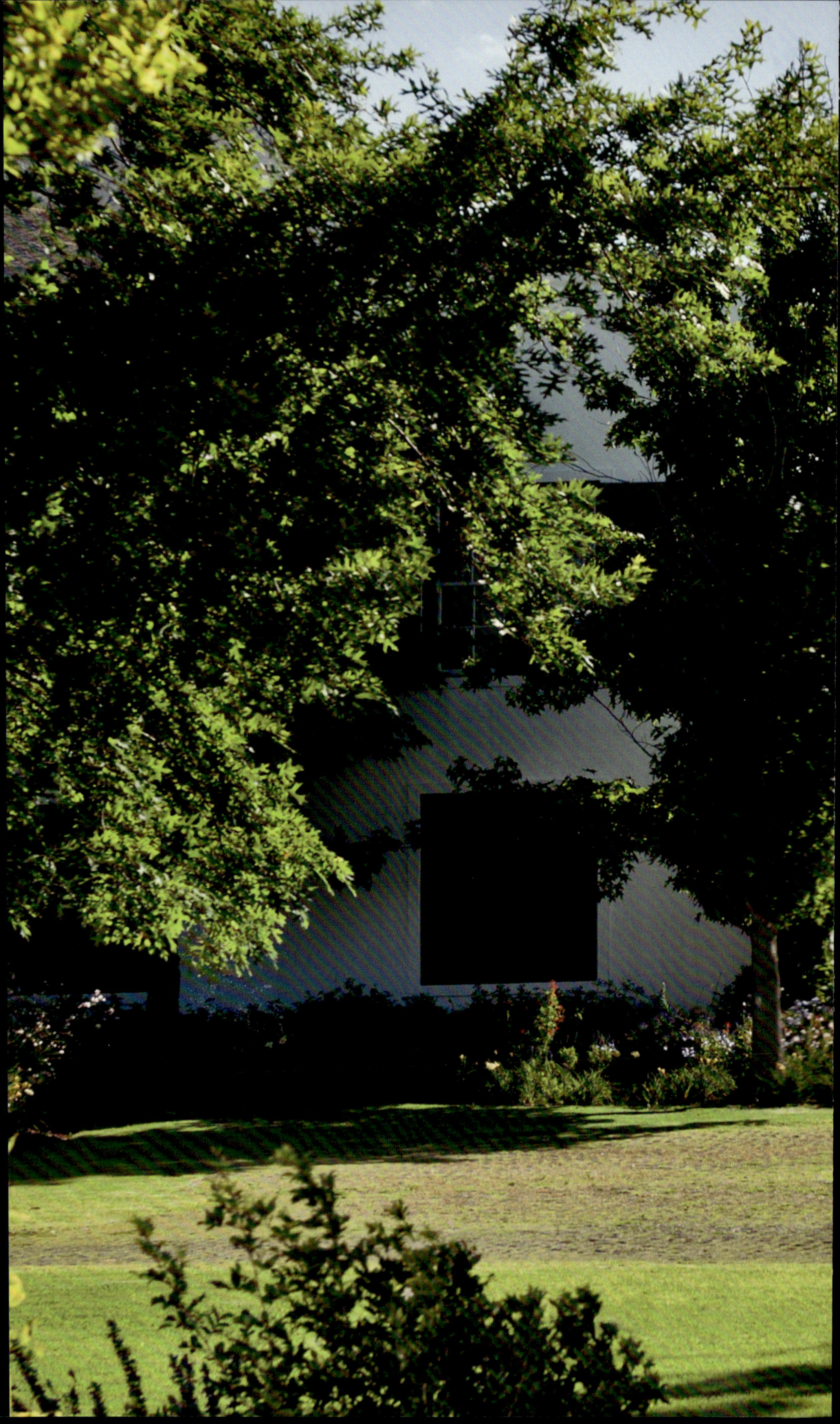

Das Anwesen
The Estate

L' Ormarins, der Sitz von Anthonij Rupert Wines, ist tief mit den Traditionen der französischen Hugenotten verwurzelt. 1694 pflanzte der tüchtige junge Hugenotte Jean Roi die ersten Rebstöcke auf den unberührten Berghängen an. Im Jahre 1969 wurde ein völlig neues Kapitel in der Geschichte dieser Farm in Franschhoek aufgeschlagen, als die Familie Rupert, die zu den angesehensten Geschäfts- und Weindynastien Südafrikas zählt, das Anwesen erwarb. Anthonij Rupert restaurierte es liebevoll und erweckte den alten Hugenotten-Glanz.

Anthonij nahm auch Änderungen bei der Bepflanzung vor, indem er diejenigen Sorten einführte, aus denen weltweit Top-Qualitätsweine gewonnen werden – Chardonnay, Pinot Grigio, Sauvignon Blanc, Cabernet Franc, Cabernet Sauvignon, Merlot, Syrah und Petit Verdot.

Die Reben wachsen in terrassenförmig angelegten Weinbergen in unterschiedlicher Höhe und auf verschiedenen Berghängen, sodass ihr Charakter und der Ertrag eine interessante Vielfalt bilden. Die Winter sind sehr kalt – die Bergspitzen sind mit Schnee bedeckt –, und auf dem Gut befindet sich ein spektakulärer Wasserfall, der in Kaskaden von den Bergen herabstürzt. Im Sommer werden die Reben – sofern erforderlich – mit dem eiskalten Wasser dieses Wasserfalls sprühbewässert.

L' Ormarins, the home of Anthonij Rupert Wines, is steeped in the traditions of the French Huguenots. In 1694, its industrious young Huguenot owner Jean Roi planted the first vines on these virgin mountain slopes. In 1969, a brand new chapter in the history of this Franschhoek farm began when the Rupert family, one of South Africa's foremost business and wine dynasties, bought the property. It was lovingly restored to its original Huguenot splendour by Anthonij Rupert.

Anthonij also undertook an extensive replanting of the farm, establishing those varieties which produce the top quality wines in the world – Chardonnay, Pinot Grigio, Sauvignon Blanc, Cabernet Franc, Cabernet Sauvignon, Merlot, Syrah and Petit Verdot.

The vines grow in terraced vineyards at various altitudes and on a variety of mountain slopes, thus producing interesting variations in yield and character. Winters are very cold – snow covers the mountain tops – and a spectacular waterfall on the farm cascades down the mountainside. In summer, the ice-cold water from this waterfall is used to micro-irrigate the vines if necessary.

Tradition und Moderne, kunstvolle Gärten neben kargen Berghängen: Fast spielerisch werden hier die Gegensätze miteinander verwoben.

Tradition and modernity, artistic gardens alongside barren mountain slopes: here the opposites are almost playfully interwoven.

Das Weingut
Winery

Unter Johann Ruperts Anleitung wurde ein 200-Tonnen-Rotweinkeller fertiggestellt. Der Keller verläuft auf drei Ebenen, zwei davon unterirdisch. Er arbeitet komplett nach dem »Gravity-Flow«-System (schwerkraftbetriebenes System): Die Trauben gelangen über die oberste Ebene in den Keller und werden von dort bis zum Gärungskeller auf der untersten Ebene weitergeleitet – und das mit kleinstmöglicher Intervention durch die Mitarbeiter. Alles ist dabei so konzipiert und gebaut, dass Beeren, Saft und Wein allein durch die Schwerkraft bewegt werden. Das System ermöglicht überdies, dass kleine Chargen außergewöhnlicher Beeren sofort isoliert und separat verarbeitet werden können.

Während der sogenannte Anthonij-Rupert-Keller ausschließlich für die Herstellung von roten Qualitätsweinen ausgelegt ist, eignet sich der Terra-del-Capo-Keller sowohl für die Rotwein- als auch Weißweinproduktion. Der ursprünglich für 1200 Tonnen angelegte Weinkeller leistet nun in seiner umgebauten Version gerade noch 400 Tonnen und hat eine ähnliche Ausstattung zu bieten wie der Rotweinkeller. Der auf einem Abhang erbaute Terra-del-Capo-Keller sieht einen schwerkraftbedingten Durchlauf von sowohl weißen als auch roten Trauben vor: Die weißen werden in Behälter zum Kalteinweichen, die roten in Gärbehälter aus Holz weitergeleitet.

*U*nder Johann Rupert's tutelage, a new 200-ton red-wine cellar was completed. The cellar has three levels, two of which are submerged underground. It operates on a complete gravity flow system, with the grapes entering the cellar on the top floor and gradually working their way down to the maturation cellar on the bottom level, with as little human intervention as possible. Everything is designed and installed to allow free movement of the berries, juice and wine by gravitational force. The system also allows for immediate isolation and separate treatment of small batches of exceptional fruit.

Whereas the Anthonij Rupert cellar is geared exclusively to produce the highest quality red wines, the Terra del Capo cellar is equipped to handle both red and white wines. Originally a 1200-ton winery, the refurbished cellar now caters for just 400 tons and features similar versions of some of the equipment designed for the red-wine cellar. Built on a slope, the Terra del Capo cellar allows for a degree of gravitational flow for both white and red grapes, whether into cold-soaking drainers for the whites or the wooden red-wine fermenters.

Die Menschen
Personalities

ANTHONIJ RUPERT †

Anthonij Rupert, jüngster Sohn des internationalen Geschäftsmannes, Kunstmäzens und Naturschützers Anton Rupert, studierte Önologie und Weinbau in Deutschland, bevor er wieder heimkehrte und L'Ormarins in ein Vorzeigeobjekt des Kaplandes umbaute. Außerdem gründete er im nahegelegenen Fredericksburg mit einem französischen Geschäftspartner, Baron Benjamin de Rothschild, das Prestige-Unternehmen Rupert & Rothschild. Nach Anthonijs tragischem Tod im Jahre 2001 blieb L'Ormarins Teil der Rupertschen Familienstiftung.

Seit 2004 wird das Weingut von seinem älteren Bruder Johann Rupert geleitet, dem Vorstandsvorsitzenden der in der Schweiz ansässigen Luxusgüter-Unternehmensgruppe Richemont. Johann ist der Vision seines verstorbenen Bruders von der Produktion erlesener Weine treu geblieben und hat weitreichende Verbesserungen vorgenommen, die ebenfalls mit den Plänen seines Bruders Anthonij übereinstimmten – vom Bau eines neuen Weinkellers und der Modernisierung des bestehenden bis hin zu einer fortlaufenden Optimierung der Weinberge. Zu den weiteren Veränderungen gehören ein Oldtimer-Museum und ein Gestüt

Anthonij Rupert, youngest son of international businessman, art and conservation patron, Anton Rupert, studied oenology and viticulture in Germany before returning to restore and transform L'Ormarins into a Cape showpiece. He also launched the prestigious Rupert & Rothschild venture at nearby Fredericksburg with a French partner, Baron Benjamin de Rothschild. After Anthonij's tragic death in 2001, L'Ormarins remained a part of the Rupert Family Trust.

Since 2004, it has been run by his older brother, Johann Rupert, executive chairman of Swiss-based luxury goods group Richemont. Johann has remained true to his late brother's vision of vinous excellence and has made extensive improvements in keeping with Anthonij's plans for the property – from building a new cellar and refurbishing an existing one, to continuously fine-tuning the vineyards. Other enhancements include a vintage car museum and a stud farm.

Die Weine
The Wines

E s gibt vier Weine, die unter dem Banner von Anthonij Rupert Wines angeboten werden: das Premium-Anthonij-Rupert-Sortiment, benannt nach
dem verstorbenen Gründer und Bruder des derzeitigen Eigentümers Johann, das
Cape-of-Good-Hope-Sortiment aus standortspezifischen Weinen, die aus den
Früchten spezieller alter Rebstöcke hergestellt werden, die die lange Geschichte
südafrikanischer Winzerkunst abbilden, das italienisch inspirierte Terra-del-Capo-
Sortiment – Anthonij liebte Italien mit seinen Weinen und seinem Essen sowie
das preiswerte Protea-Sortiment, benannt nach der einheimischen Nationalblume
und für den leichten Trinkgenuss gemacht.

Vom heimischen Stützpunkt auf der Farm L'Ormarins, unterhalb der zerklüf-
teten Bergspitzen der Groot Drakenstein Mountains, bezieht Anthonij Rupert
Wines seine Weintrauben aus allen Gebieten der Cape Winelands. Vier weitere
außergewöhnliche Besitztümer von Anthonij Rupert Wines sind Elandskloof in
Villiersdorp, Bellingham in Franschhoek, Riebeeksrivier in Riebeek-Kasteel und
Rooderust in Darling. Sie wurden speziell wegen ihrer Standorte hinzugekauft,
weil sie die Trauben für die beiden Weinkeller auf dem heimischen Weingut lie-
fern sollten: Die Trauben aus diesen Gebieten weisen bestimmte Merkmale auf,
die für den Geschmack und die Komplexität des Endproduktes erforderlich sind.

*T here are four tiers under the Anthonij Rupert Wines banner: the premium
Anthonij Rupert range, named after the late founder and brother of current
owner Johann; the Cape of Good Hope range of terroir-specific wines, made of fruit
from specially sourced old vines that depict our long history of winemaking in South
Africa; the Italian-inspired Terra del Capo range – Anthonij loved Italy and its wines
and food; and the accessible, good-value Protea range, named after the indigenous
national flower and made for earlier, easy drinking enjoyment.*

*From its home base on the historic L'Ormarins farm, beneath the jagged peaks
of the Groot Drakenstein mountains, Anthonij Rupert Wines sources grapes from
across the length and breadth of the Cape winelands. The four other exceptional
properties in the Anthonij Rupert Wines portfolio are Elandskloof in Villiersdorp,
Bellingham in Franschhoek, Riebeeksrivier in Riebeek-Kasteel and Rooderust in
Darling. They were purchased specifically for their sites and to supply grapes to the
two cellars on the home farm because of the characteristics grapes from these areas
would contribute to the flavours and complexity the winemakers were looking for in
the end product.*

Kulinarische Weinbegleitung
Wine Pairing

Der Anthonij Rupert 2007 ist eine klassische Mischung im
Bordeaux-Stil aus 40 % Cabernet Sauvignon, 29 % Cabernet
Franc, 8 % Merlot und 3 % Petit Verdot. Die Trauben werden von Hand gepflückt, in kleine Obstkisten verpackt und
in einem Kühl-Lkw zum Weinkeller transportiert. Im Keller
angelangt, werden die sämtliche Beeren doppelt sortiert
und dann mittels Schwerkraft in Gärbehälter befördert. Die
Gärung erfolgt in 225-Liter- bzw. 10 000-Liter-Gärbehältern
aus Holz. Der Wein reift 36 Monate lang in neuen, französischen 225-Liter-Eichenfässern; darauf folgt eine 24-monati-
ge Flaschenreifung. Der fein ausbalancierte, komplexe Wein
weist nussige Mandel- und Gewürzaromen auf, die durch
den Geschmack nach reifen Kirschen und Schwarzer Johan-
nisbeere ausgeglichen werden. Zurückhaltend und elegant,
aber dennoch abgerundet und vollmundig, von interessanter
Komplexität und Länge.

*The Anthonij Rupert 2007 is a classic Bordeaux-style blend of
40 % Cabernet Sauvignon, 29 % Cabernet Franc, 8 % Merlot
and 3 % Petit Verdot. Grapes were picked by hand, placed into
small lug boxes and transported to the cellar in a cool truck. In
the cellar, the whole berries were manually double sorted and
then gravity fed into fermenters. Fermentation took place in
225-litre and 10 000-litre wooden fermenters. The wine was
matured for 36 months in 225-litre new French oak barrels,
then bottle aged for a further 24 months. Delicately balanced, this intricate wine has nutty almond and spicy flavours
counterbalanced by ripe cherry and blackcurrant aromas.
Restrained and elegant, yet equally rounded and full, with a
rewarding complexity and length.*

Zutaten / *Ingredients*

Für das Fleisch
2 kg Rinderbrust, 2 Zwiebeln (halbiert & gebräunt),
1 Lauch (nur der weiße Teil), 2 Karotten (geschält),
1 Lorbeerblatt, 1 EL schwarze Pfefferkörner, Salz

Für die Meerrettich-Sauce nach Velouté-Art
50 g Butter, 30 g Mehl, 150 ml Rinderbrühe,
100 ml Sahne, 30 g Meerrettich (fein gerieben),
Zitronensaft (oder weißer Balsamico-Essig)

Für das Lauchpüree
1 große Stange Lauch (gewaschen), 30 g Butter,
Muskatnuss, Salz, 100 ml Rinderbrühe,
200 ml Sahne, 30 g schwarzer Trüffel (oder Trüffelöl)

Für die Radieschen & den Kohlrabi
1 Bund Radieschen, 2 kleine Kohlrabi, 20 g Butter
½ TL brauner Zucker, ½ TL Honig, 50 ml weißer
Portwein oder süßer Wein

For the meat
2 kg beef brisket, 2 onions (peeled & cut in half),
2 carrots, 1 leek (white part only), 1 bay leaf,
1 Tb black peppercorns, Salt

For the velouté-style horseradish sauce
50 g butter, 30 g flour, 150 ml brisket stock,
100 ml cream, 30 g horseradish (finely grated),
lemon juice (or white balsamic vinegar)

For the leek puree
1 large leek (rinsed), 30 g butter, Pinch of nutmeg,
Pinch of salt, 100 ml brisket stock, 200 ml cream,
30 g black truffle (or truffle-infused oil)

For the radish & kohlrabi
1 bunch red radishes, 2 small kohlrabies,
20 g butter, ½ ts brown sugar, ½ ts honey,
50 ml white port or sweet wine

Rinderbrust mit Meerrettich-Sauce, getrüffeltem Lauchpüree, geschmorten Radieschen & Kohlrabi

Beef brisket with horseradish sauce, truffled leek puree, braised red radish & kohlrabi

Rinderbrust von überschüssigem Fett befreien und mit Küchenschnur auf einem kleinen Kuchengitter befestigen (so kann sich das Fleisch beim Pochieren in der Brühe nicht drehen). Zwiebeln in einer Metallpfanne ohne Zugabe von Öl braun andünsten; dadurch bekommt die Brühe Farbe und Karamelisieraromen. Karotten schälen, den Lauch der Länge nach halbieren und beides waschen. Die Kasserole sollte tief genug sein, dass das Kuchengitter mit dem Fleisch hineinpasst. Gemüse und Gewürze hineingeben, das Kuchengitter mit dem Fleisch obenauf legen und mit kaltem Wasser bedecken. Salzen und zum Kochen bringen; abschöpfen und bei geringer Hitze ungefähr zwei Stunden köcheln lassen. Das Fleisch in der Brühe abkühlen lassen; Gitter entfernen und das Fleisch in der Brühe in den Kühlschrank stellen, damit es nicht austrocknet. Sobald Sauce und Püree zubereitet werden können, Fleisch herausnehmen und die Brühe durch ein feines Sieb passieren.

In einem tiefen Topf Butter zergehen lassen und Mehl einrühren. Bei mittlerer Hitze anschwitzen und dabei das Mehl leicht anrösten, ohne dass es braun wird. Kalte Rinderbrühe und Sahne unterrühren, bis die Mischung geschmeidig erscheint. Danach zum Kochen bringen und die Konsistenz gegebenenfalls durch Zugabe von mehr Brühe verändern. Die **Velouté** muss bei geringer Hitze 15 Minuten lang kochen, bevor sie durch ein Sieb passiert wird. Meerrettich und Zitronensaft (oder wahlweise weißen Balsamico-Essig) hinzufügen.

Lauchstange in kleine Stücke zerschneiden; dabei auch das überschüssige Grün der für die Rinderbrühe verwendeten Lauchstange hinzufügen. In einer großen Pfanne die Butter einige Minuten lang anschwitzen, würzen, Brühe hinzugießen und ohne Deckel kochen lassen, bis der Lauch weich und die Brühe größtenteils eingekocht ist. Ein paar Eiswürfel zufügen, um die Lauchstücke schnell abzukühlen, damit sie ihre Farbe nicht verlieren. In der Küchenmaschine zu einer glatten Masse vermengen. Danach das Püree wieder in die Pfanne geben und Trüffel bzw. Trüffelöl hinzufügen (Vorsicht: Das Püree soll nur einen Hauch von Trüffelaroma erhalten!) Konsistenz gegebenenfalls noch verändern.

Die größeren **Radieschen** halbieren, die kleineren ganz belassen und alle waschen. **Kohlrabi** putzen und in 0,5 cm dicke Scheiben zerschneiden. Die zarten Blätter als Garnierung zurückbehalten. In einer flachen Pfanne Butter, Zucker und Honig erhitzen und leicht karamelisieren, ohne zu bräunen. Radieschen und Kohlrabi dazugeben, salzen und in der Mischung aus Butter, Zucker und Honig wälzen. Wein hinzugießen und reduzieren lassen, dann etwas Wasser dazugeben und drei Minuten lang abgedeckt kochen lassen. Das Gemüse sollte danach noch knackig sein.

Vor dem Servieren: Die kalte Rinderbrust aufschneiden und in der restlichen Brühe erwärmen – jedoch nicht aufkochen! Lauchpüree und Gemüse aufwärmen, auf den Tellern anrichten und garnieren. Sauce aufkochen, mit dem Rührstab schaumig rühren, dann mit einem Löffel über das Fleisch verteilen.

Clean the **brisket** of all excess fat and fasten it onto a small cake grid with kitchen string (this prevents the meat from twisting while poaching in the stock). Brown the onions in a metal pan without any oil; this adds colour and caramelised flavours to the stock. Peel the carrots, halve the leek lengthwise and rinse both. Make sure that you have a casserole deep enough to fit the grid and the meat into. Add all the vegetables and spices to it, place the grid with the meat on top, and cover with cold water. Add salt and bring to the boil; skim and turn the heat down to simmer point, and cook for approximately two hours or until soft. Leave the meat to cool in the stock; remove the grid, and then refrigerate the meat in the stock to prevent it from drying out. When ready to make the sauce and puree, remove the meat and pass the stock through a fine sieve.

Melt the butter in a deep pot and stir in the flour. Sweat over a medium heat and slightly roast the flour, without giving it colour, then whisk in the cold brisket stock and the cream, and stir until smooth. Now bring to a boil and adjust thickness if necessary with more stock. The **velouté** needs to boil at a low heat for 15 minutes before passing it through a sieve. Add the horseradish, and adjust the seasoning by adding lemon juice (or white balsamic vinegar).

Cut the **leek**, adding the excess green from the one used in the stock, into fairly small pieces. Heat a large pan and sweat in the butter for a few minutes, then season to taste, add the stock and boil briskly uncovered until soft and most of the stock is reduced. Add a few ice cubes and the cold cream to cool the leeks down quickly, to prevent them from losing colour. Blend in a food processor until smooth. Now return the puree to the pan and add the truffles or the oil carefully to give it a hint of truffle aroma. Reduce the consistency if necessary.

Wash and cut the larger **radishes** in half and leave the smaller ones whole. Peel the **kohlrabies** and cut into half-centimetre slices, retaining the fine leaves for garnish. Heat butter, sugar and honey in a flat pan and slightly caramelise without giving it colour. Add the radish and kohlrabi, season with salt, and toss through the butter, sugar and honey mixture. Add the wine and deglaze, then add a little water and cook covered for three minutes, ensuring that the vegetables are still crunchy.

To serve Slice the brisket while it is cold and then warm up in the leftover stock, taking care not to let it boil. Warm up the leek puree and the vegetables, plate and garnish. Bring the sauce to a boil, blend with a hand blender until foamy, then spoon over the meat.

L'Ormarins Antonij Rupert 2007

Die zarte Textur der Rinderbrust, die ausgewogenen Aromen des Gemüses und die sahnige, scharfe Meerrettich-Sauce bilden einen Kontrast zu dem opulenten und vollmundigen Wein.

From the tender texture of the brisket, to the balanced flavours of the vegetables and the creamy, tangy horseradish sauce, this dish contrasts well with the opulent and full-bodied wine.

ANNO 1695

La Motte

a culture of excellence

La Motte

Auf La Motte steht die Produktion von hochwertigen Weinen im Mittelpunkt, die für ihre ausgezeichnete Qualität international anerkannt sind: Das Weingut genießt einen erstklassigen Ruf und hat bereits zahlreiche begehrte Preise gewonnen. Zudem zählt La Motte zu den herausragenden Tourismuszielen am Kap.

With its focus primarily on the production of wines internationally regarded for their exceptional quality, La Motte has earned an enviable reputation, winning a multitude of coveted awards. Furthermore, La Motte is one of the Cape's benchmark tourist destination.

Das Anwesen
The Estate

La Motte wurde 1970 von dem verstorbenen Dr. Anton Rupert erworben. Dr. Rupert war nicht nur ein international anerkannter Geschäftsmann, sondern auch als Naturschützer hoch geschätzt.

Im Jahre 1752 wurden die ersten 4000 Weinstöcke auf La Motte angepflanzt. Heute stehen die Weinberge von La Motte seit 1986 unter der Aufsicht von Top-Winzer Pietie le Roux, bei dem zukunftsweisende Praktiken bezüglich Auswahl der Weinberglagen, Wurzelstöcke und deren Klone, Pflanzung verschiedener Traubensorten, Weinbergausrichtung und Rebstock-Abstände angewendet werden. Ergänzt wird dies durch modernste Technologien wie beispielsweise Satellitenüberwachung und Infrarot-Scanning der Rebstöcke.

Das Anwesen ist Vorkämpfer der Biodiversity and Wine Initiative und setzt sich mit aller Kraft für den Naturschutz ein. Die Weinberge werden ökologisch bewirtschaftet, genau wie die anderen »Nebentätigkeiten« wie z. B. der Blumenanbau und die Herstellung ätherischer Öle. Ein weiteres umweltbewusstes Projekt ist eine Bergwanderroute, auf der Naturliebhaber die vielfältige Vogelwelt, die überwältigende Flora und Fauna, einen Protea-Garten und eine atemberaubende Aussicht auf das berühmte Franschhoek Valley erleben können.

Weitere Attraktionen sind das elegante Restaurant »Pierneef à La Motte«, in dem traditionelle Gerichte durch die einzigartige Küche der Cape Winelands modern interpretiert werden, ein gemütlicher Verkostungsraum mit freundlichen, gut informierten Mitarbeitern als »Weinbotschafter«, ein Museum, in dem die Kulturgeschichte von La Motte gezeigt wird und eindrucksvolle Kunstausstellungen stattfinden und natürlich der Farmladen, der zum entspannten Shopping einlädt.

Atemberaubend schön sind Felder, Gärten und die
Gebäude respektvoll in die Natur eingebettet.

*Fields, gardens and buildings are respectfully embedded
in nature in a breathtaking beautiful way.*

La Motte was acquired in 1970 by the late Dr Anton Rupert. An internationally respected businessman, Dr Rupert was also highly regarded as a conservationist. The first 4000 vines were planted on La Motte in 1752. Today, La Motte's vineyards, overseen by top viticulturist Pietie le Roux since 1986, are managed using advanced practices in the selection of vineyard sites, rootstock and clones, grape varieties planted, vineyard facings and vine spacing. These practices are refined by the latest technology, such as satellite monitoring and infrared scanning of the vines.

The estate is a Biodiversity and Wine Initiative Champion firmly focused on conservation. The vineyards are managed organically, as are subsidiary operations such as flower cultivation and the production of ethereal oils. Another conservation-conscious project is a mountainside Hiking Trail where nature lovers can experience the estate's abundant bird life, a wealth of indigenous flora and fauna, a protea garden and breathtaking views of the famous Franschhoek Valley.

Other attractions include the elegant Pierneef à La Motte Restaurant where traditional cuisine with a modern interpretation – the unique Cape winelands cuisine – is served; a sociable Tasting Room staffed by friendly, well-informed wine ambassadors; a Museum displaying La Motte's rich cultural history and impressive art exhibitions; as well as the Farm Shop, which offers delightful shopping.

Weingut & historische Gebäude
Winery & Historic Buildings

Der gut und modern ausgestattete Weinkeller auf La Motte ermöglicht es, Tradition mit moderner Wissenschaft zu vereinen und Weine hervorzubringen, die weltweit für ihre Konsistenz und erstklassige Qualität geschatzt werden. Auf La Motte hält man sich nicht nur an ökologische Richtlinien in der Weinherstellung, sondern auch an die internationalen Standards für Lebensmittelsicherheit und Qualitätssicherung.

Im Jahre 2010 rief La Motte ein bedeutendes Entwicklungsprogramm unter dem Motto »La Motte neu definiert« ins Leben. Die Initiative beinhaltete auch eine Reihe von Verbesserungen und Ergänzungen des Anwesens, darunter eine landschaftliche Umgestaltung und die Schaffung neuer Räumlichkeiten, wie beispielsweise einen Verkostungsraum, ein Restaurant, ein Museum und den traditionellen Farmladen. Eingedenk des französischen und des Cape Dutch-Erbes von La Motte hielt man sich streng an den Architekturstil der bestehenden historischen Gebäude, die nach dem Erwerb durch Dr. Rupert einwandfrei restauriert wurden und heute den Status von Nationaldenkmälern genießen.

Der Historische Rundgang über La Motte, geleitet von kundigen Führern, lenkt durch die prachtvollen Rosengärten hin zu vier Nationaldenkmälern: dem 1751 erbauten Herrenhaus mit seinem imposanten Frontgiebel, dem zweitältesten Gebäude auf dem Weingut, dem sogenannten Jonkershuis (um 1752), dem historischen Weinkeller, der aus dem Jahre 1782 stammt, und der komplett restaurierten Wassermühle, die zwischen 1752 und 1793 errichtet wurde und die als älteste, noch funktionsfähige Mühle ihrer Art im Franschhoek Valley gilt.

La Motte's well-equipped, contemporary cellar enables the wine-makers to blend tradition with modern science in shaping wines globally renowned for their consistency and excellence. La Motte not only complies with the principles of environmental care in winemaking, but also with international food safety and quality assurance standards.

During 2010, La Motte launched a significant development programme under the theme »La Motte Redefined«. The initiative involved a number of revisions and additions to the property, including a landscape revamp and the construction of new venues, including a Tasting Room, Restaurant, Museum and traditional Farm Shop. Mindful of the rich French and Cape Dutch heritage of La Motte, there was a strict adherence to the architectural style of the existing historic buildings, which were impeccably restored after Dr Rupert's purchasing of the property and today boast national monument status.

La Motte's Historic Walk, conducted by knowledgeable guides, proceeds through the beautiful rose gardens and winds its way to four national monuments: The Manor House with its imposing front gable, built in 1751; the second-oldest building on the estate, the Jonkershuis (circa 1752); the Historic Cellar, built around 1782 and the fully restored water mill, erected between 1752 and 1793 – the oldest mill of its kind in working order in the Franschhoek Valley.

Die Menschen und ihr Engagement

Personalities & dedication

HEIN KOEGELENBERG & HANNELI RUPERT-KOEGELENBERG

Dr. Anton Rupert, der ehemalige Eigentümer von La Motte, und seine Frau Huberte waren beide begeisterte Kunstliebhaber und spielten eine herausragende Rolle als Kunstmäzene.

Heute ist La Motte im Besitz ihrer Tochter Hanneli Rupert-Koegelenberg und wird von deren Ehemann, dem Vorstandsvorsitzenden Hein Koegelenberg, geleitet. Unterstützt wird er von einem engagierten Team, das für sämtliche Aktivitäten auf La Motte sowie auf der angeschlossenen Nabot Farm in der Region Walker Bay verantwortlich ist.

Die Musik bildet einen festen Bestandteil der kulturellen Aktivitäten auf La Motte: Zu einem Großteil ist dafür Hanneli verantwortlich, eine in Südafrika unter ihrem Künstlernamen Hanneli Rupert sehr bekannte Mezzosopranistin und gefeierte Liedsolistin. Die sehr beliebten klassischen Konzerte finden jeden Monat im historischen Weinkeller auf La Motte statt: Es treten die besten nationalen bzw. internationalen Künstler auf, die oft auf einem Steinway-Flügel aus der Zeit des Zweiten Weltkriegs begleitet werden.

La Motte gehört zu den herausragenden Touristenzielen am Kap und ist Titelverteidiger des Great Wine Capitals Global Network's Best of Wine Tourism des Jahres 2012. Das Weingut verspricht eine außergewöhnliche Erfahrung für alle, die die schönen Dinge des Lebens schätzen – von Wein und Geschichte bis hin zu Essen, Kultur und Natur. »Unser Hauptaugenmerk liegt nach wie vor auf der Herstellung außergewöhnlicher Weine sowohl für den nationalen als auch für den internationalen Markt, aber wir engagieren uns auch für eine Unternehmenskultur der Spitzenleistungen über ein breiteres Spektrum hinweg«, erklärt Hein.

Dr Anton Rupert, former owner of La Motte, and his wife Huberte, were both avid lovers of art and played a prominent role as art patrons.

Today, La Motte is owned by their daughter Hanneli Rupert-Koegelenberg and managed by her husband, CEO Hein Koegelenberg, supported by a dedicated team responsible for activities on La Motte as well as the affiliated Nabot farm in the Walker Bay region.

Music is an inherent part of the culture at La Motte, largely inspired by Hanneli, one of South Africa's leading mezzo-sopranos and an acclaimed Lieder recitalist under her professional name, Hanneli Rupert. Highly popular monthly classical music concerts are presented in La Motte's historic cellar, showcasing performances by the finest local and international artists, often accompanied on a Steinway piano dating back to World War II.

One of the Cape's benchmark tourist destinations and the Great Wine Capitals Global Network's Best of Wine Tourism title holder for 2012, La Motte promises an extraordinary experience to all who appreciate the finer things, from wine and history to cuisine, culture and nature. »While our major focus has always been the production of exceptional wines for the local as well as international markets, we are dedicated to a culture of excellence over a broader spectrum«, says Hein.

Die Weine
The Wines

Der preisgekrönte Kellermeister auf La Motte, Edmund Terblanche, ist der Überzeugung, dass es bei der Weinherstellung in erster Linie darauf ankommt, das Beste von dem, was uns die Trauben von Natur aus bieten, herauszuholen.

Die Trauben für die Herstellung der La Motte-Weine werden auf 75 Hektar auf dem Anwesen selbst sowie auf 72 Hektar auf der Nabot Farm angebaut. Seit 2007 wird La Motte ökologisch bewirtschaftet, und beide Farmen wurden mit dem SGS-Zertifikat ausgezeichnet – einem internationalen Standard für ökologische Produktion. Es werden auch Trauben von anderen ausgewählten und streng kontrollierten Weinbergen in unterschiedlichen Regionen der Cape Winelands aufgekauft. Dank der vielfältigen »Terroirs« können Trauben aller Regionen einen einzigartigen Beitrag als Geschmackskomponenten für die La Motte-Weine leisten.

Das Weinangebot von La Motte umfasst die sogenannte La Motte Classic White Collection – einen Sauvignon Blanc, Chardonnay und Méthode Cap Classique (Brut); die sogenannte La Motte Classic Red Collection – einen von Bordeaux, Cabernet Sauvignon und Shiraz inspirierten Blend und Millennium; die Pierneef Collection of Premium Wines – einen Sauvignon Blanc aus ökologischem Anbau, einen Shiraz-Viognier-Blend und einen Shiraz-Grenache-Blend. La Mottes Vorzeigewein ist der Hanneli R – ein Blend auf Shiraz-Basis, hergestellt aus handgepflückten Trauben, die exklusiv ausgewählt werden, wenn ein Weinberg außergwöhnlich gute Qualität liefert.

Die Weine von La Motte werden auf dem Weingut in Flaschen abgefüllt und zur weiteren Flaschenreifung an das Historic Wines of the Cape Distribution Centre in der Nähe von Kapstadt weitergegeben.

*L*a Motte's award-winning cellarmaster Edmund Terblanche believes that the first priority in winemaking is to make the best of what the grape offers naturally.

Grapes for the production of La Motte's wines are produced on 75 hectares of the estate itself and 72 hectares of the Nabot farm. La Motte has been farming organically since 2007, and both farms have been awarded full SGS Certification – an international organic production standard. Grapes are also acquired from other selected and closely managed vineyards in different regions of the Cape winelands. The variety in terroirs allows grapes from each region to make a unique contribution to the flavour components of the La Motte wines.

La Motte's wine portfolio encompasses the La Motte Classic White Collection – a Sauvignon Blanc, Chardonnay and Méthode Cap Classique (Brut); the La Motte Classic Red Collection – a Cabernet Sauvignon, Shiraz and Bordeaux-inspired blend, Millennium; the Pierneef Collection of premium wines – an Organically Grown Sauvignon Blanc, a Shiraz-Viognier blend and a Shiraz-Grenache blend. La Motte's flagship wine is Hanneli R – a Shiraz-based blend produced from hand-harvested grapes, selected exclusively when a vintage yields exceptional quality.

La Motte wines are bottled on the estate and distributed for further bottle maturation to the Historic Wines of the Cape Distribution Centre near Cape Town.

Kulinarische Weinbegleitung
Wine Pairing

Der La Motte Pierneef Shiraz-Viognier 2008 ist ein Blend aus 89 % Shiraz und 11 % Viognier. Die Shiraz-Komponente stammt von der kühlen Walker Bay und Elim, während der Viognier aus Franschhoek kommt. Die Trauben beider Rebsorten werden von Hand gepflückt, von Hand verlesen und zusammen vergoren. Der Wein reift 15 Monate lang in 225-Liter-Fässern aus französischer Eiche, von denen 63 % neu sind. Es ist eine innovative Mischung, intensiv in der Nase mit Aromen von Schwarzkirsche und Himbeere, in Kombination mit Lakritze und weißem Pfeffer.

The 2008 La Motte Pierneef Shiraz-Viognier is a blend of 89 % Shiraz and 11 % Viognier. The Shiraz component originates from the cool-climate Walker Bay and Elim, while the Viognier is from Franschhoek. Grapes of both varieties were hand-picked and hand-sorted and fermented together. The wine was matured for 15 months in 225-litre French oak barrels, 63 % of which were new. It is an innovative blend, intense on the nose, with black cherry and raspberry fruit, together with liquorice and white pepper spice.

Zutaten / *Ingredients*

Für das Fleisch

1 kg Wildschwein-Carré, 20 ml pflanzliches Öl zum
Anbraten, 30 g Butter zum Anbraten, Salz & frisch
gemahlener Pfeffer

Für die gedünsteten Silberzwiebeln

100 g Silberzwiebeln (geschält), 20 g Butter,
1 TL brauner Zucker, ½ TL Honig, 50 ml Rotwein
nach Portwein-Art, 100 ml Rotwein, 1 Rosmarinzweig, 1 Lorbeerblatt, Salz

Für die Sauce

12 saure Feigen, 20 g Butter, 1 kleine Zwiebel
(fein gewürfelt), ½ TL weiße Pfefferkörner
(zerstoßen), ½ TL frisches Oregano (fein gehackt),
50 ml Medium-Cream Sherry, 100 ml braune Sauce
von guter Qualität (Kalb oder Schwein, am besten
selbst gemacht), 50 ml leicht geschlagene Sahne

Für die Beilagen

300 g Kartoffelpüree, Messerspitze Salz, Messerspitze Muskatnuss, 12 Rosenkohlröschen, 1 kleine
Zwiebel (geschält & in Ringe geschnitten, zur
späteren Verwendung), 1 Kaki, 2 getrocknete
Pfirsiche (oder wahlweise Aprikosen)

For the meat

*1 kg rack of wild boar, 20 ml vegetable oil for frying,
30 g butter for frying, Salt & freshly ground pepper*

For the braised pearl onions

*100 g pearl onions (peeled), 20 g butter, 1 ts brown
sugar, ½ ts honey, 50 ml red port-style wine,
100 ml red wine, 1 sprig of rosemary, 1 bay leaf, Salt*

For the sauce

*12 sour figs, 20 g butter, 1 small onion (finely diced),
½ ts white peppercorns (crushed), ½ ts fresh origanum
(finely chopped), 50 ml medium-cream sherry,
100 ml good-quality brown stock (veal or pork, preferably homemade), 50 ml lightly whipped cream*

For the accompaniments

*300 g potato puree, Pinch of salt, Pinch of nutmeg,
12 Brussels sprouts, 1 small onion (peeled & sliced,
for later use), 1 persimmon, 2 dried peaches (or use
apricots)*

Wildschwein-Carré mit saurer Feigensauce, Kaki & Rosenkohl

Rack of wild boar with sour fig sauce, persimmon & Brussels sprouts

Rippen säubern, indem man die Haut einschneidet und das Fleisch abschabt. Das Fleisch zwischen den Knochen mit Küchenschnur festbinden, damit es beim Anbraten seine Form behält. Wildschwein-Carré würzen und in einer heißen Pfanne von allen Seiten braun anbraten. Je nach Dicke muss das Carré bei 160 °C zwischen 12 und 15 Minuten im Backofen schmoren; danach herausnehmen und ruhen lassen.

In einer Schmorpfanne mit Deckel den Zucker und Honig leicht karamelisieren. Die geschälten **Zwiebeln** dazugeben und mit dem Karamel überziehen, danach mit Rotwein und Portwein ablöschen. Die restlichen Zutaten ebenfalls hinzufügen und zugedeckt bei niedriger Hitze ungefähr 20 Minuten lang kochen. Reduzieren lassen, um die Zwiebeln vor dem Servieren zu glasieren.

Die **sauren Feigen** über Nacht in Wasser einweichen. Aufkochen lassen, bis sie weich sind, danach halbieren. In einem Topf die Zwiebeln mit den Pfefferkörnern in Butter kurz dünsten, dann mit Sherry ablöschen. Braune Soße und die sauren Feigen hinzufügen; einige Minuten lang kochen lassen, damit sich die Geschmacksaromen entfalten können. Kurz vor dem Servieren die leicht geschlagene Sahne und den Oregano dazugeben und gegebenenfalls nachwürzen.

Kartoffeln kochen, abschütten und mit Milch, Sahne und Butter ein Püree daraus zubereiten; mit Salz und Muskatnuss würzen. Die äußeren Blätter des **Rosenkohls** ablösen und als Garnierung zurückbehalten; Rosenkohl kurz in Salzwasser blanchieren, danach in Eiswasser abschrecken. **Kaki** in acht dünne Scheiben zerteilen. Zum Schluss die Trockenfrüchte in sehr feine Julienne-Streifen schneiden, die dem Gericht einen zarten Fruchtgeschmack und Konsistenz verleihen.

Vor dem Servieren Kartoffelpüree aufwärmen. In einer heißen Pfanne den Rosenkohl zusammen mit der Zwiebel in Butter wälzen, bis sie leicht gebräunt ist; nach Belieben mit Salz und Muskatnuss würzen. Kaki erwärmen. Alles zusammen mit den glasierten Silberzwiebeln auf den Tellern anrichten. Das Carré in vier gleich große Koteletts zerteilen und anrichten; die Julienne-Streifen auf dem Fleisch verteilen und mit einem Löffel die Sauce darüber träufeln.

Clean the **rib bones** by cutting the skin and scraping the meat off. Tie the meat between each of the bones using kitchen string in order to keep its shape while frying. Season and fry the boar rack in a hot pan, browning all sides. Depending on the thickness, place the rack in the oven at 160 °C for about 12 to 15 minutes; remove and let it rest afterwards.

In a casserole that has a lid, lightly caramelise the sugar and honey. Add the peeled **onions** and coat with the caramel before deglazing with the port-style and red wine. Add remaining ingredients, cover with the lid and cook at a low heat for approximately 20 minutes. Reduce to glaze the onions just before serving.

Soak the **sour figs** in water overnight. Bring to the boil and cook until soft, then cut in half. In a saucepan, sweat the onions in the butter with the peppercorns briefly before deglazing with the sherry. Add the stock and the sour figs, and cook for a few minutes to integrate the flavours. Just before serving, add the lightly whipped cream and the origanum, and adjust the seasoning if necessary.

Boil the potatoes, drain and use milk, cream and butter to make a puree; season with salt and nutmeg. Cut off the outer leaves of the **Brussels sprouts** and retain to use as garnish; blanch the sprouts briefly in salted water, then refresh in iced water. Cut the **persimmon** in eight thin slices. Finally, slice the dried fruit into very fine julienne strips, which will add fruit flavour and texture to the dish.

To serve warm up the puree. Toss the Brussels sprouts together with the onion in a hot pan with butter to give slight colour; season with salt and nutmeg to taste. Warm up the persimmon. Plate these, as well as the glazed pearl onions. Cut the rack into four equal cutlets and plate; place the fruit julienne onto the meat and spoon the sauce around.

La Motte Shiraz Viognier 2008

Der Wildgeschmack des Wildschweins ergänzt das leicht ledrige Aroma von dunkler Kirsche, das das Gericht ausmacht. Die gelbe Kaki und das Aroma der Trockenfrüchte machen das Gericht zu etwas Besonderem, verleihen ihm Ausgewogenheit und harmonieren mit dem nicht unerheblichen Anteil von reifen Viognier-Trauben des Weins.

The gaminess of the boar complements the leathery dark cherry flavours of this dish. The yellow persimmon and dried fruit flavours lift and balance the dish, harmonising with the substantial amount of ripe Viognier in the wine.

Mont Destin

Die Familie Bürgin, die sich auf Rotweinmischungen auf Shiraz- und Rhône-Basis spezialisiert hat, stellt in sorgfältiger Handarbeit kleine Mengen exklusiver und eleganter Weine für ihr übersichtliches, aber hochangesehenes Sortiment her.

The Bürgin family, who specialise in Shiraz and Rhône-inspired red blends, carefully handcraft small quantities of exclusive and elegant wines for their small but highly acclaimed range.

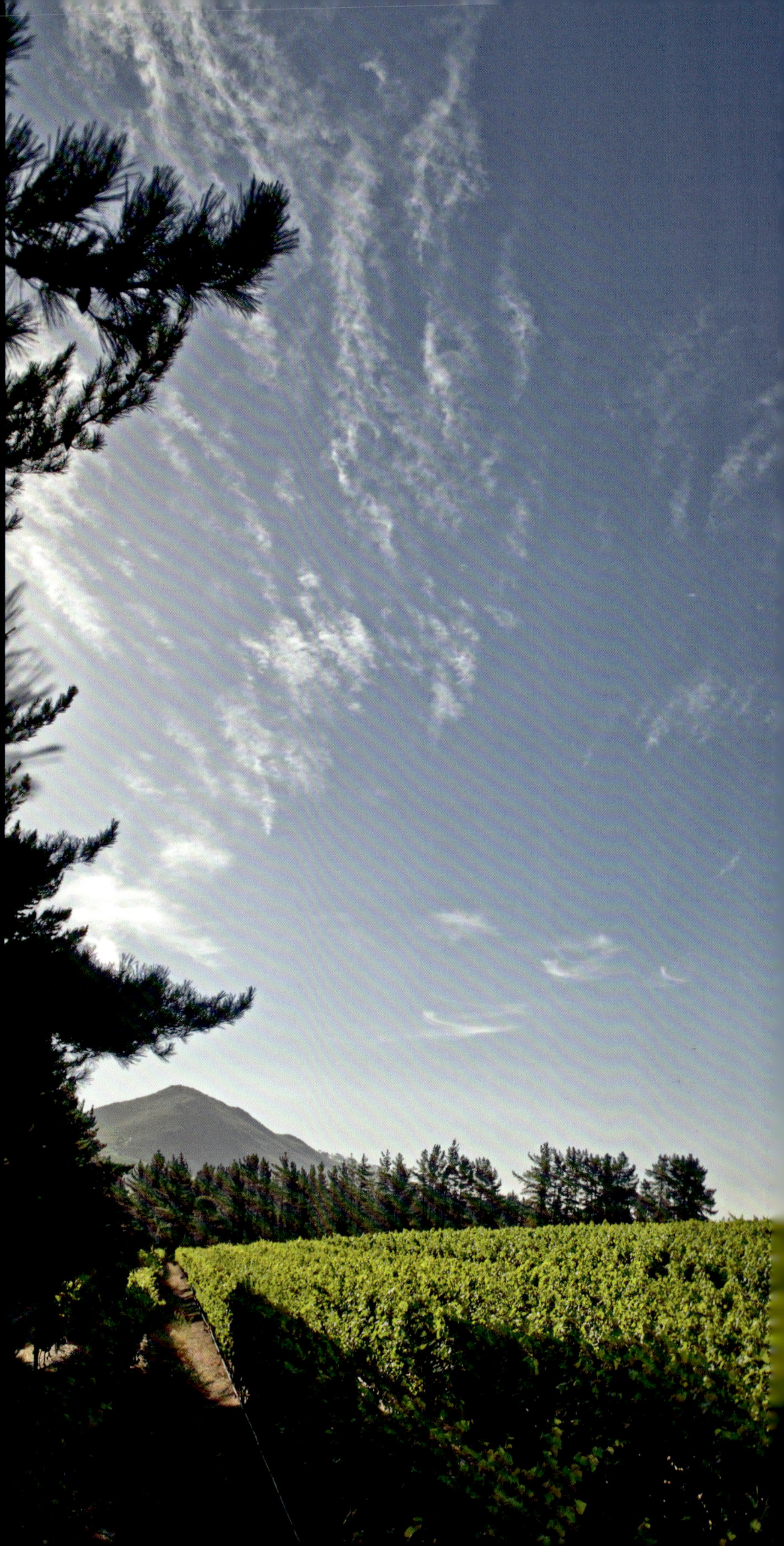

Das Anwesen
The Estate

D ie Eigentümer dieses Weingutes, Ernest und Samantha Bürgin, begegneten sich in den frühen 1990er-Jahren auf Ernests Olivenplantage in Les Baux de Provence, wo sie eines der feinsten Olivenöle der Region herstellten. Samantha, eine Patriotin aus Südafrika, wünschte sich ein Leben im neuen Südafrika: Also machten sich die beiden – jung und enthusiastisch, wie sie waren – auf den Weg, um dort den perfekten Ort zum Leben, Arbeiten und Kreativsein zu finden. Eines Tages führte sie ihre Suche zu einem atemberaubend schönen Stück Land an den Hängen des Simonsberg zwischen Paarl und Stellenbosch, mit einer wundervollen Aussicht auf den Tafelberg. Im Andenken an ihre glückliche Zeit in Frankreich nannten sie ihr Anwesen Mont Destin (Schicksalsberg).

Ernest und Samantha haben eine spezielle Vorliebe für die Rhône-Rebsorten: Insgesamt sieben Hektar Land sind vorwiegend mit Shiraz, Mourvèdre, Grenache, Cinsaut und Viognier bepflanzt, die sich alle sehr gut für aufregende Mischungen eignen. Bei der Planung war es entscheidend, der Liebe zum Detail den Vorrang zu geben, da die Größe der einzelnen Parzellen jeweils spezifischen Behältern entspricht, sodass Samantha jede Parzelle separat vinifizieren und damit das Endprodukt weitaus besser kontrollieren kann.

Obwohl in Mont Destin sehr viel harte Arbeit steckt, wirkt der Ort dennoch spielerisch leicht. Da ist zum Beispiel Claudia, das ansässige Hängebauchschwein – der Liebling der deutschen Presse, von der es »Weinschwein« getauft wurde. Und dann gibt es da noch die einzigartige und ganz bestimmt dekadente Tradition eines Rotweinbades (muss im Voraus gebucht werden) in den Weinbergen. Schon viele glücklich verliebte Paare haben dieses Liebeselixir genossen.

T he owners of this boutique winery, Ernest and Samantha Bürgin, met in the early 90s at Ernest's olive farm in Les Baux de Provence, where they made one of the finest olive oils in the region. Samantha, a South African patriot, preferred a life in the new South Africa, so still young and enthusiastic they embarked on their search to find a perfect place to live, work and be creative. One day they discovered an incredible piece of land on the slopes of the Simonsberg between Paarl and Stellenbosch with a beautiful view of Table Mountain. Inspired by their happy memories of France, they named their property Mont Destin (Mountain of Destiny).

Ernest and Samantha have a special passion for the Rhône varieties, and a total of seven hectares is planted mainly to Shiraz, Mourvèdre, Grenache, Cinsaut and Viognier, which present exciting blending opportunities. Planning was paramount, attention to detail critical, as the block sizes correspond to specific tanks, enabling Samantha to vinify each block separately, which allows far greater control over the final product.

Although a lot of hard work goes into Mont Destin, there's a sense of playfulness and fun about the place. There's Claudia, the resident potbelly pig – the German press fell in love with her and dubbed her a »weinschwein«. And then there's a unique and decidedly decadent tradition of a red wine bath (booked in advance) in the vineyards. Many happy couples have enjoyed this elixir of love.

Französische Leichtigkeit verbunden mit hoher Kennerschaft und Augenzwinkern ... Claudia, das »Weinschwein«, inklusive.

French lightness combined with high expertise and a twinkle in the eye ... including Claudia, the »weinschwein«.

Konzentrierte Ästhetik zeigt sich
selbst im Fermentationsraum und
im Namensschriftzug.

*Concentrated aesthetics even
in the fermentation room and
the name logo.*

Weingut & Architektur
Winery & Architecture

G etreu ihrer Detailliebe sowie einem innovativen Ansatz bei Weinbau und Architektur, haben die beiden einen sehr praktischen und funktionalen Zweimannbetrieb auf die Beine gestellt. Die gesamte Ausstattung ist speziell für den technologisch hochmodernen Mikrokeller mit dem ungewöhnlichen, ringförmigen Design handgefertigt. Die Verwendung alter und neuer Elemente bringt zusätzliche Ästhetik ins Gesamtbild: Hier steht die kunstvoll gearbeitete Olivenpresse neben blitzenden Edelstahltanks.

Für die Familie Bürgin sind Kunst und Leben unauflösbar miteinander verbunden. Auf Mont Destin sind Weinkeller, Verkostungsraum und Wohngebäude, deren lebhafte Farbgebung die ständig wechselnden Schattierungen der Landschaft widerspiegeln, inspiriert von der Arbeit des weltweit bekannten südafrikanischen Architekten Luis Barragan und integrieren seine Design-Philosophie nahtlos in die nuancenreichen Farben Afrikas und Südafrikas.

K *eeping to their ethos of attention to detail, as well as an innovative approach to wine and architecture, they designed a very practical and functional two-man operation. All the equipment was handmade specifically for this technologically-advanced micro-cellar with its unusual circular design. The use of old and new elements adds aesthetic appeal, with an artisanal olive oil press standing among gleaming stainless steel tanks.*

Art and life are inextricably connected for the Bürgin family. The Mont Destin cellar, tasting facility and home, where vibrant colours echo the ever-changing hues of the landscape, were inspired by the work of world-renowned South American architect, Luis Barragan, and seamlessly incorporate his design philosophies with contemporary African and South African nuances.

Die Menschen
Personalities

SAMANTHA & ERNST BÜRGIN, MONT DESTIN-TEAM

Mont Destin steht für die Produktion von Weltklasseweinen, aber auch für Familiensinn und Lebensgenuss. Ernest und Samantha hatten das Glück, auf ihren Weinreisen in der ganzen Welt vielen hilfsbereiten Menschen zu begegnen und Freundschaften zu schließen.

Für Ernest war es nur konsequent, sich für Weinbau zu entscheiden, da seine Familie immer noch eine Weinkellerei mit ökologischem Anbau in Deutschland betreibt. Samantha, die keine offizielle Winzerausbildung genoss, ist die inoffizielle, aber zu »110 % engagierte« Winzerin auf Mont Destin. In jedem Jahr erreicht die Qualität ihrer Weine neue Höhen. »Wir haben mittlerweile herausgefunden, wie wir es anzupacken haben, und da wir glücklicherweise tatkräftig zupacken können, gibt es nicht viel, was wir dem Zufall überlassen – außer Mutter Natur macht uns einen Strich durch die Rechnung!«, sagt sie.

Es geht darum, das Beste aus zwei unterschiedlichen Welten zu kombinieren – Spitzentechnologie und aufmerksame Liebe zum Detail. »Selbst kleinste Details haben letztendlich die größte Auswirkung auf unsere Weine«, sind sich beide einig.

Mont Destin is about making world-class wines, but it's also about family and savouring life to the full. Ernest and Samantha have been fortunate enough to encounter many helpful people and make good friends on their vinous journeys around the world.

For Ernest wine was a natural choice, as his family still operates a biodynamic wine cellar in Germany. Samantha, who had no formal winemaking training, is the unofficial yet »110 % committed« winemaker at Mont Destin. Each year the quality of their wines is pushed to new heights. »We've found what works for us, and fortunately being so hands on, there's not much left to chance – bar Mother Nature's caprice!« she says.

It's about combining the best of both worlds – cutting-edge technology and boutique hands-on attention to detail. »Paying attention to even the smallest of details ultimately has the biggest impact on our wines«, they conclude.

Die Weine
The Wines

D as »Flaggschiff« der Familie Bürgin auf Mont Destin ist der Destiny Shiraz. Hinzu kommen der auf Shiraz basierende Blend Passioné – von Shirley Basseys Song »La Passione« inspiriert – und gelegentlich ein süffiger Rotweinblend, den 11 Barrels. Die Destiny Shiraz Limited Editions gibt es zusammen mit Diamanten und Goldmünzen als Geschenkboxen; als etwas weltweit Einzigartiges, das sich großer Nachfrage erfreut.

Durch minimale Intervention und die Nutzung von Schwerkraft und Technologie gelingt es dem Team auf Mont Destin das Potenzial der besten Qualitätstrauben voll auszuschöpfen. In der Erntezeit werden die von Hand gepflückten Früchte auf Rütteltischen sortiert, danach abgebeert, von Hand ausgewählt und in einem Satellitentank leicht zerstoßen, der dann angehoben und in die Gärungsbehälter entleert wird. Nach der Fermentierung werden die Traubenschalen zur letzten Weinextraktion vorsichtig zur Korbpresse transportiert. Es gibt zwei temperaturgeregelte Räume, in denen die Fässer lagern, sodass Vinifizierung und Reifungsprozesse flexibel gestaltet werden können.

T *he flagship of the Bürgin family on Mont Destin is the Destiny Shiraz. Furthermore, they have the Shiraz-led blend, Passioné – inspired by Shirley Bassey's song »La Passioné«; and occasionally an easy-drinking red blend, the 11 Barrels. The Destiny Shiraz Limited Editions combine diamonds and gold coins with wine, making these sought-after gift boxes a world first.*

Minimum intervention and the use of gravity and technology enable the Mont Destin team to unlock the potential of the finest quality grapes. During harvest the hand-picked bunches are sorted on vibrating tables, followed by destemming, berry selection by hand and a light crush into a satellite tank, which is then lifted and emptied into the fermentation tanks. After fermentation, the skins are carefully transported to the basket press for the final wine extraction. There are two temperature-controlled barrel rooms, allowing for flexibility in the vinification and maturation processes.

Kulinarische Weinbegleitung
Wine Pairing

Vom »Flaggschiff« Destiny Shiraz 2007 wurden nur drei Fässer hergestellt. Jede Flasche ist nummeriert, und den Verschluss ziert ein Wachsabdruck des Siegelrings der Bürgins – ein Familienerbstück. Der Wein reifte 21 Monate lang in französischen Eichenfässern. Das Resultat ist ein intensiver, samtiger und ausgewogener Wein, der komplex und vielschichtig ist, mit Aromen von vollmundigen, reifen roten und schwarzen Beeren und einem Hauch von Pfeffer und Gewürzen. Die Tannine sind weich, und alle Weinkomponenten sind harmonisch aufeinander abgestimmt. Ein langer und schmackhafter Abgang runden dieses Meisterstück ab.

Only three barrels of the flagship Destiny Shiraz 2007 were made. Each bottle is numbered and even the seal carries special significance – it's made using the Bürgin family's heirloom signet ring. The wine matured for 21 months in French oak barrels, resulting in an intense, velvety and well-balanced wine that is complex and layered, with mouth-filling rich, ripe red and black berries, and hints of pepper and spice. The tannins are supple and all the components of the wine are in wonderful harmony. A long and savoury finish rounds off this masterpiece.

Für die Lammfilets

4 Lammfilets, Salz & frisch gemahlener schwarzer Pfeffer, 30 g Butter zum Anbraten

Für die Raviolifüllung

2 Lammkeulen, 2 mittelgroße Zwiebeln, 1 Karotte, 1 Lauch, 2 Selleriestangen, 5 Knoblauchzehen, jeweils 2 Zweige Thymian und Rosmarin, ½ Flasche Rotwein, 50 g Tomatenmark

Für die Ravioli

Bitte beachten: Der Nudelteig muss im Voraus mit einer Nudelmaschine zubereitet werden. Nudelteig, zerkleinerte Lammkeule, 50 ml Bratensaft-Reduktion, 1 Frühlingszwiebel (fein gewürfelt), 2 EL Sellerieblätter (gehackt), 50 g Blattpetersilie (gehackt)

Für die mediterrane Gemüseterrine

Paste zubereiten: Eine gewürfelte Zwiebel zusammen mit den geschnittenen Gemüse in etwas Olivenöl andünsten, 200 ml Gemüsefond hinzufügen und alles weich kochen. 15 g Agar-Agar-Pulver dazugeben, aufkochen und mit dem Stabmixer pürieren.
200 ml Olivenöl, 1 Terrinenform (entweder dreieckig oder halbrund, mit Frischhaltefolie ausgelegt, die an den Seiten übersteht, um die Terrine später darin einzuschlagen), je 2 gelbe und rote Paprikaschoten (im Backofen weich grillen, abkühlen lassen und schälen, Kerne entfernen), 3 Baby-Kürbisse (in lange, ½ cm dicke Stücke schneiden, kurz in Olivenöl anbraten, dann auf Küchenpapier beiseite legen), 2 Auberginen (schälen und in 1 cm dicke Stücke schneiden, in Olivenöl anbraten, bis sie leicht gebräunt und weich sind, dann auf Küchenpapier beiseite legen), 1 EL fein zerhackter frischer Thymian & Rosmarin, mittelkörniges Meersalz

Für das Pesto

je 50 g Blattpetersilie, Basilikum & Kerbel (gewaschen und getrocknet), 50 g Macadamianüsse, 1 Knoblauchzehe, 1 Chilischote (entkernt), 2 EL fein geriebener Parmesan, 50 ml Olivenöl, etwas weißer Balsamico-Essig (ersatzweise Zitronensaft), Salz zum Abschmecken

Garnieren

Australischer Queller (essbares Seegras) mit etwas Olivenöl. Alternativ blanchierte grüne Bohnen oder sautierter Wirsing.

Lammfilet & Ravioli mit mediterraner Gemüseterrine & Pesto

Lamb fillet & ravioli with Mediterranean vegetable terrine & pesto

Lammfilets würzen und bis zum Anbraten beiseitestellen. **Lammkeulen** von Sehnen und überschüssigem Fett befreien und mit Salz und Pfeffer würzen; in einer tiefen Kasserolle in etwas Öl anbraten, bis sie von allen Seiten gut gebräunt sind, dann herausnehmen. In der Zwischenzeit das Schmorgemüse schälen und in 2 cm große Stücke schneiden; in die Kasserolle zum Weiterbraten geben. Sobald das Gemüse durchgegart ist, Knoblauch und Tomatenmark hinzufügen und einige Minuten lang bei niedriger Hitze weiterbraten. Dieser Vorgang ist wichtig, um die Süße des Gemüses und Tomatenmarks zur Geltung zu bringen und einen ausgewogenen Geschmack zu bekommen. Rotwein, Kräuter und Lammkeulen hinzufügen, dann Wasser zugeben, bis die Keulen fast bedeckt sind. Aufkochen lassen, mit einem Deckel verschließen und im Backofen bei 160 °C weiterschmoren. Zwei Stunden lang im Backofen belassen, bis die Keulen ganz weich sind. Aus dem Schmorsaft herausnehmen und abkühlen lassen. Danach das Fleisch von Knochen und Knorpel befreien und in kleinere Stücke zerschneiden. Bratensaft durch ein Sieb passieren und bis auf 100 ml reduzieren.

Verwenden Sie bitte das Nudelteigrezept auf Seite 144/145. Anstatt den Teig in Quadrate zu schneiden, zwei runde Ausstechformen verwenden, von denen eine 5 mm größer ist als die andere. Zerkleinertes Lammfleisch mit Kräutern und der Frühlingszwiebel vermischen und etwas Bratensaft hinzufügen, damit die Mischung feucht bleibt; abschmecken und gegebenenfalls Salz bzw. Pfeffer hinzufügen. Nudelteig in der Nudelmaschine in ca. 1,5 mm dicke Streifen ausrollen. Nudelteigstreifen mit leicht geschlagenem Eiweiß bepinseln; mit der kleineren Ringausstechform die Füllung auf den Nudelteig portionieren, dabei einen ausreichend großen Rand lassen, damit man ihn mit der größeren Ausstechform ausstanzen kann. Die Hälfte des Nudelteigstreifens mit der Füllung belegen, dann mit der anderen Hälfte vorsichtig die Füllung bedecken. Mit der bemehlten anderen Seite der kleineren Ausstechform den Teig über der Füllung andrücken. Danach den Teig mit der größeren Ringausstechform ausstanzen, um die **Ravioli** zu erhalten. Davor unbedingt die Oberfläche mit Mehl bestäuben, damit die Ausstechform nicht kleben bleibt. Die Ravioli können einige Stunden lang im Kühlschrank auf Silikonpapier, das mit Mehl oder Grieß bestäubt wurde, aufbewahrt werden.

Sämtliche Zutaten sollten noch warm sein, wenn sie in die Terrinenform geschichtet werden. Um die **Terrine** zusammenzuhalten, wird zwischen den einzelnen Schichten die Paste eingefügt. Für jede Schicht eine andere Gemüsesorte verwenden, damit ein farbenfrohes Muster entsteht. So lange wiederholen, bis sämtliches Gemüse aufgebraucht ist. Sobald alles Gemüse aufeinander geschichtet wurde, wird die Terrinenform geschlossen, indem man die Frischhaltefolie einschlägt. Mit einem Gewicht leicht beschweren und über Nacht im Kühlschrank aufbewahren. Terrinenform auf ein Schneidebrett stürzen und in 2 cm dicke Scheiben aufschneiden.

Für das **Pesto** alle Zutaten – außer den Käse – in einen Mixbehälter geben und zu einer feinen, geschmeidigen Masse verarbeiten, dann den Käse hinzufügen.

Vor dem Servieren in einer heißen Pfanne die gewürzten Lammfilets zwei Minuten lang in Butter anbraten, dabei ständig wenden. Aus der Pfanne nehmen und warm stellen. In einem hohen Topf Salzwasser zum Kochen bringen; etwas Olivenöl hinzufügen und die Ravioli drei Minuten lang kochen, dann in einem Abtropfsieb abgießen. Nach dem Abgießen die Ravioli mit etwas Olivenöl vermischen, damit sie nicht verkleben. Gleichzeitig die Terrinenscheiben im Backofen aufwärmen, Garnierung zubereiten, alle Zutaten auf Teller platzieren und mit dem restlichen warmen Schmorsaft beträufeln.

Ingredients

For the lamb fillets
4 lamb fillets, Salt & freshly ground black pepper, 30 g butter for frying

For the ravioli filling
2 lamb shanks, 2 medium onions, 1 carrot, 1 leek, 2 celery sticks, 5 cloves of garlic, 50 g tomato paste, 2 sprigs each thyme & rosemary, ½ bottle red wine

For the ravioli
Please note: The pasta dough needs to be made in a pasta machine in advance. Pasta dough, shredded lamb shank, 50 ml reduced braising jus, 1 spring onion (finely diced), 2 Tb celery leaves (chopped), 50 g Italian flat-leaf parsley (chopped)

For the Mediterranean vegetable terrine
Prepare the following paste:
Sweat 1 diced onion in a little olive oil together with the vegetable trimmings, add 200 ml vegetable stock and cook until soft. Add 15 g agar-agar powder, bring to the boil, then puree with a hand blender.
200 ml olive oil, 1 mould (either triangular or half round, lined with clingfilm leaving excess on the sides to overlap later), 2 each yellow and red bell peppers (roasted in the oven until soft; cool and peel off the skin; remove seeds), 3 baby marrows (cut into long ½ cm-thick slices, fry quickly in olive oil, keep aside on kitchen paper), 2 aubergines (peeled and cut in 1 cm-thick slices, fry in olive oil until slightly brown and soft, set aside on kitchen paper), 1 Tb finely chopped fresh thyme & rosemary (to flavour vegetables), Medium-grain sea salt (to season vegetables)

For the pesto
50 g each Italian flat-leaf parsley, basil & chervil (washed and dried), 50 g macadamia nuts, 1 clove of garlic, 1 chilli pepper (deseeded), 2 Tb finely grated parmesan, 50 ml olive oil, Dash of white balsamic vinegar (or use lemon juice), Salt to taste

Garnish
Samphire sea grass with little olive oil. Alternative: blanched green beans or sautéed savoy cabbage

Season the **lamb fillets** and set aside to fry later. Clean the **shanks** of all sinew and excess fat, season with salt and pepper; fry in a little oil in a deep casserole until well browned on all sides, then remove. Meanwhile, peel all the braising vegetables and cut into 2 cm pieces; add to the casserole for further frying. As soon as all the vegetables are braised, add the garlic and tomato paste, and then roast at a lower heat for a few more minutes. This process is important in order to bring out the sweetness of the vegetables and the tomato puree so as to balance the flavours. Add the red wine, herbs and shanks, and then add water until the shanks are almost covered. Bring to the boil, close with a lid and place in the oven at 160 °C. Braise for two hours or until very soft. Remove from the braising jus and leave to cool before cleaning all the meat from the bones and cartilage, then cut into finer pieces. Pass the jus through a sieve and then reduce it down to 100 ml.

Please use the recipe for pasta dough on page 144/145. Then, instead of cutting the pasta in squares, use two round ring cutters, one 5mm bigger than the other. Mix the shredded lamb with the herbs and spring onion, add some braising jus to keep the mixture moist; taste and add salt and pepper if necessary. Roll out the pasta in long sheets of about 1.5 mm thickness, using a pasta machine. Brush the sheets of pasta with slightly whipped egg whites, and then use the smaller ring cutter to portion the filling onto the pasta, leaving enough of a gap to cut it out with the larger ring cutter. Fill half of the pasta sheet and then fold the other half over carefully to cover the fillings. Use the opposite side of the smaller ring cutter, dipped in flour, to firm the pastry over the filling. Then cut the pasta with the larger ring cutter to make the ravioli. Make sure the surface is well dusted with flour before this action to avoid it sticking to the surface. You can store the **ravioli** on a flour- or semolina-dusted silicone paper sheet in the fridge for a few hours.

All ingredients should still be warm when you layer them into the mould, using the paste in between each layer to hold the **terrine** together. Use one vegetable per layer to create a colourful pattern and repeat until all the vegetables have been used. When the layers have been completed, the mould can be closed by overlapping the clingfilm onto the vegetables. Press slightly with a weight and leave overnight to set in the fridge. Unmould onto a cutting board and cut into 2cm-thick slices.

Pesto: Add all ingredients except the cheese into a blender jug, blend until fine and smooth, then add the cheese

To serve: Fry the seasoned lamb fillets in butter in a hot pan for two minutes, turning them continuously. Remove and keep warm. Have boiling, salted water ready in a deep pot; add a glug of olive oil and cook the ravioli for about three minutes before draining in a colander. Mix the drained ravioli with a little olive oil to prevent them from sticking to each other. Simultaneously, warm up the terrine slices in the oven, prepare the garnish, plate all components and drizzle with the remaining hot braising sauce.

Mont Destin Destiny Shiraz 2007

Das Lamm harmoniert auf zweierlei Weise: Die geschmorte Lammkeule in den Ravioli verleiht dem Gericht die nötige Schwere, die es benötigt, um mit dem kräftigen, im Eichenfass gereiften Wein mitzuhalten; das nicht ganz durchgebratene Filet greift die Beerennoten auf.

The lamb pairs in two ways: The braised lamb shank in the ravioli gives the dish the richness needed to compete with the powerful and well-oaked wine; the rarer fried fillet picks up the berry notes.

Rust en Vrede

Das Weingut hat im Lauf der Jahre Kultstatus erlangt und wurde mit zahlreichen Auszeichnungen überhäuft. Zu den denkwürdigsten zählten das Friedensnobelpreis-Dinner in Oslo im Jahre 1994, für das Präsident Nelson Mandela einen Wein von Rust en Vrede auswählte, oder aber als die Familie die dänische Königin im Gutshaus zu einem offiziellen Lunch als Gast begrüßen durfte.

Many accolades have been bestowed upon this iconic estate over the years. Some of the most memorable were when a Rust en Vrede wine was chosen by President Nelson Mandela to be served at the 1994 Nobel Peace Prize dinner in Oslo and the family hosting the Queen of Denmark for an official lunch at their manor house.

Das Anwesen
The Estate

Das in Stellenbosch gelegene Anwesen wurde 1694 gegründet. 1977 kaufte der legendäre Rugby-Spieler Jannie Engelbrecht (vom Club »Springboks«) die heruntergekommene Farm. Nach zahlreichen Renovierungsarbeiten erlangte sie ihren früheren Glanz zurück und zählt heute zu Südafrikas renommiertesten Rotweingütern, mit dem Schwerpunkt auf Cabernet Sauvignon, Shiraz und Merlot.

Die Weinberge befinden sich auf den tiefliegenden Abhängen des Helderberg Mountain, 85–130 Meter über dem Meeresspiegel. Die Reben wachsen weitgehend an den Nordhängen, nur ein kleiner Teil wurde an den Nordost- bzw. Nordwesthängen angepflanzt, um feinste Geschmacksnuancen zu erhalten. Rust en Vrede wird von den Bergen und deren Ausläufern vor den vorherrschenden Winden geschützt und weist daher einen für die Region Helderberg wärmeren Mikrokosmos auf – der Grund, weshalb man sich auf Rotweine spezialisiert hat.

Die Mischung des Rust en Vrede Estate war der erste südafrikanische Rotwein, der es 1998 bei »Wine Spectator« in die Top 100 der weltbesten Weine schaffte – eine Leistung, die er in den vier darauffolgenden Jahren wiederholen konnte.

*T*his Stellenbosch estate was established in 1694. In 1977, the previously neglected farm was bought by legendary Springbok rugby player Jannie Engelbrecht, who set about restoring it to its former splendour and establishing it as one of South Africa's premium red-wine estates, with the focus on Cabernet Sauvignon, Shiraz and Merlot.

Located on the low-lying slopes of the Helderberg mountain 85–130 metres above sea level, the vineyards are mostly situated on north-facing slopes with a small portion planted on north-east and -west facing slopes to create subtle nuances in aspect. Shielded from the prevailing winds by mountains and foothills, Rust en Vrede enjoys a warmer microcosm in the Helderberg area, which is why they chose to specialise in red wines.

Rust en Vrede's Estate blend was the first South African red to be named in Wine Spectator's Top 100 Wines of the World in 1998, an achievement repeated for four consecutive years.

Ruhe und Frieden – besser
hätte man den Namen des
Weinguts nicht umsetzen
können.

*Peace and quiet – you could
not have given the vineyard a
better name if you tried.*

Weingut & historische Gebäude
Winery & Historic Buildings

Rust en Vredes unterirdischer Weinkeller war der Erste seiner Art bei einem südafrikanischen Weingut in Privatbesitz. Bei dem von dem renommierten Architekten Gawie Fagan entworfenen Weinkeller wird die Umgebungstemperatur kontrolliert, was für die Produktion bzw. Flaschenreifung der Weine von unschätzbarem Nutzen ist.

Rust en Vrede wurde 1694 vom damaligen Gouverneur der Kapkolonie, Willem Adriaan van der Stel, gegründet. Das Anwesen umfasste ursprünglich mehr Ländereien, wurde jedoch um 1700 aufgeteilt, wobei das Original-Teilstück als Rust en Vrede erhalten blieb. Das erste Gebäude des Guts entstand 1780, darauf folgte der Keller im Jahre 1785. Dieser wurde vor einigen Jahren in das preisgekrönte Restaurant des Weingutes umgewandelt, zu dem ein eigener Gemüse- und Kräutergarten gehört. 1790 wurde das größere Gutshaus erbaut. Der Frontgiebel des Gutshauses brannte 1823 nieder, deswegen ist darauf auch 1825 – das Jahr seines Wiederaufbaus – vermerkt. Alle drei Gebäude sind Nationaldenkmäler. Jeans Mutter Ellen legte die mustergültigen Gärten an, die die Gebäude umschließen.

Rust en Vrede's underground cellar was the first of its kind for a privately owned South African winery. Designed by renowned architect Gawie Fagan, the temperature-controlled environment is of invaluable benefit to the production and bottle maturation of the estate's wines.

Rust en Vrede was established in 1694 by the then Governor of the Cape, Willem Adriaan van der Stel. It was originally made up of a larger property but in the early 1700s this was divided into two, whereby the original section remained as Rust en Vrede. The first house on the estate was built in 1780, followed by the cellar in 1785. This cellar was converted a few years ago to house the estate's award-winning restaurant, which has its own vegetable and herb garden. In 1790, the larger manor house was built. The front gable of this manor house was destroyed in a fire in 1823, hence the date of 1825, the year in which it was rebuilt, on the front gable. All three buildings are national monuments. Jean Engelbrecht's mother Ellen laid the foundation for the immaculate gardens that they are set in.

Die Menschen
Personalities

F ür den derzeitigen Eigentümer Jean Engelbrecht ist Rust en Vrede etwas ganz Besonderes – es ist der Ort, an dem der frühere Pilot aufwuchs und wo er heute immer noch lebt. »Die Herausforderung als Eigentümer von Rust en Vrede ist nicht nur, es einfach zu erhalten – das ist schließlich meine Verantwortung –, sondern es auszubauen«, sagt er, und seit 1998 wurde unter seiner Regie schon viel erreicht.

Das Rust en Vrede-Restaurant wurde Ende 2007 eröffnet. Seit 2009 war es drei Mal in den Top 100 der weltbesten Restaurants bei »San Pellegrino« gelistet und wurde 2010 zum Top-Restaurant Südafrikas gekürt. Im Jahre 2010 war Rust en Vrede der Global Winner bei den Best of Wine Tourism Awards, die im französischen Bordeaux stattfanden. Im folgenden Jahr erhielt das Weingut den Critics' Choice Award bei der New York Wine Experience.

»Heute ist Rust en Vrede ein ausgezeichnetes Beispiel, wofür Stellenbosch steht, und wir werden alles daransetzen, um unsere Weine, unsere Region und letztlich auch unser Land in der Welt voranzubringen«, erklärt Jean abschließend.

JEAN ENGELBRECHT, COENIE SNYMAN, JOHN SHUTTLEWORTH

R ust en Vrede is very special to the current proprietor, Jean Engelbrecht – it's the place where this former pilot grew up and where he still lives today. »The challenge of owning Rust en Vrede is not just to maintain it – that is your responsibility – but to build on it«, he says, and under his aegis since 1998 much has been achieved.

Rust en Vrede Restaurant opened its doors at the end of 2007. It has been on the San Pellegrino Top 100 Restaurants of the World list three times since 2009 and, in 2010, was named South Africa's top restaurant. Rust en Vrede was the Global Winner at the Best of Wine Tourism Awards held in Bordeaux, France in 2010. The following year, the estate received the Critics' Choice Award at the New York Wine Experience.

»Today Rust en Vrede continues to be a fine example of what Stellenbosch is all about, and we will strive to be a driving force in promoting our wines, our region and ultimately our country«, Jean concludes.

Die Weine
The Wines

Rust en Vrede war das erste Weingut Südafrikas, das sich ausschließlich auf die Produktion von Rotweinen spezialisierte. Eine kräftige Struktur, reiner, fruchtiger Ausdruck mit Eigenschaften von Eichenholz, Ausgewogenheit, Komplexität und Länge kennzeichnen die körperreichen Rotweine.

Das Angebot umfasst drei reinsortige Weine – einen Cabernet Sauvignon, Shiraz und Merlot – sowie einen Syrah-Lagenwein; außerdem zwei Blends, der »1694 Classification«, einer der teuersten Rotweine Südafrikas, und der »Estate«. Der Winzer Coenie Snyman, der 2009 von Diners Club zum Winzer des Jahres gekürt wurde, ist seit 2006 auf dem Weingut tätig.

Rust en Vrede was the first winery in South Africa to specialise exclusively in the production of red wines. A powerful structure, pure fruit expression integrated with oak characteristics, balance, complexity and length are the hallmarks of these full-bodied red wines.

The range encompasses three single varietal wines – a Cabernet Sauvignon, Shiraz and Merlot – as well as a single-vineyard Syrah; and two blends, the 1694 Classification, one of South Africa's most expensive red wines, and the Estate. Winemaker Coenie Snyman, who was the 2009 Diners Club Winemaker of the Year, has been incumbent at the estate since 2006.

Kulinarische Weinbegleitung
Wine Pairing

Rust en Vrede Estate 2009 ist ein von Cabernet Sauvignon bestimmter Blend (61 %), mit 31 % Shiraz- und 8 % Merlot-Anteil. Nach der Gärung werden die Cabernet Sauvignon-, Shiraz- und Merlot-Erzeugnisse separat vinifiziert. Der Wein reift 18 Monate lang zu 85 % in französischen und zu 15 % in amerikanischen Eichenfässern, danach weitere 18 Monate lang in der Flasche, bevor er in den Handel gelangt. Der purpurrote Wein weist Aromen von reifen Früchten und Cassis auf, die wunderbar mit einer leichten Note von Eiche und Bleistift harmonieren. Die Zeder- und Lakritzaromen auf dem Gaumen werden durch Gewürz- und Eichennuancen unterstrichen und verleihen dem Wein Komplexität und Ausgewogenheit.

Rust en Vrede Estate 2009 is a Cabernet Sauvignon-driven blend (61 %), with 31 % Shiraz and 8 % Merlot. Following fermentation, the Cabernet Sauvignon, Shiraz and Merlot clones were vinified separately. The wine was matured in 85 % French and 15 % American oak barrels for 18 months, and then for a further 18 months in the bottle before release. A deep crimson red in colour, ripe fruit and cassis aromas are beautifully integrated with subtle oak and lead pencil characteristics. Cedar and liquorice flavours on the palate are supported by spice and oak nuances, giving the wine great complexity and balance.

Zutaten / *Ingredients*

Für die Perlhuhn-Roulade

2 entbeinte Perlhühner: 4 Schlegel (nur das in Brühe gekochte Fleisch verwenden, siehe unten), 2 Leber (wenn vorhanden, fein gehackt), 2 EL Hühnerfarce (Mousse), 1 TL Majoran (fein gehackt), 4 Hühnerbrüste (ohne Knochen), 20 g zerlassene Butter, 1 x 35 cm großes Quadrat Alufolie

Für die Sauce

2 Perlhuhn-Karkassen, 4 Perlhuhn-Schlegel, 2 mittelgroße Zwiebel, 1 Karotte, 1 Stange Lauch (nur den weißen Teil), ½ Flasche Rotwein, 1 Lorbeerblatt, ½ TL weiße Pfefferkörner, 300 ml Gemüse- bzw. leichte Hühnerbrühe, 1 EL Kaffeebohnen (zerstoßen & im Backofen geröstet)

Für die Kartoffelnudeln

3 mittelgroße Kartoffeln (gewaschen & gekocht), 2 EL Mehl, 2 Eigelb, 1 TL Petersilie (gehackt), Salz & Muskatnuss nach Belieben, 30 g Butter zum Anbraten

Für Feigen & Baby-Fenchel

4 frische Feigen, 4 Baby-Fenchelknollen, Salz zum Würzen beider Zutaten

---

For the guinea fowl roulade

2 guinea fowl, deboned, resulting in: 4 legs (use only meat braised in stock, see below), 2 livers (if supplied, finely chopped), 2 Tb chicken farce (mousse), 1t marjoram (finely chopped), 4 breasts (skinless), 20 g melted butter, 1 x 35 cm square piece of heavy duty tin foil

For the sauce

2 guinea fowl carcasses, 4 guinea fowl legs, 1 medium onion, 1 carrot, 1 leek (white part only), ½ bottle red wine, 1 bay leaf, ½ ts white peppercorns, 300 ml vegetable or light chicken stock, 1 Tb coffee beans (crushed & roasted in the oven)

For the potato noodles

3 medium potatoes (washed & boiled), 2 Tb flour, 2 egg yolks, 1 ts parsley (chopped), Salt & nutmeg (to taste), 30 g butter for frying

For the figs & baby fennel

4 fresh figs, 4 baby fennel bulbs, Salt for seasoning both ingredients

Perlhuhn-Roulade mit gebratenen Feigen, Baby-Fenchel, Kartoffelnudeln & Sauce mit Kaffeebohnenaroma

Guinea fowl roulade with fried figs, baby fennel & potato noodles with a coffee bean-infused sauce

Die abgekühlten, gekochten Schlegel in feine Würfel schneiden und mit der Farce, den Kräutern und der rohen Leber mischen. Alufolie mit Butter einfetten und mit Salz und Pfeffer würzen (gibt man die Gewürze direkt aufs Fleisch, wird den Brustfilets der Saft entzogen und die Farce bindet nicht richtig). Danach die Hühnerbrust vertikal auf der gewürzten Alufolie platzieren, damit ein gleichmäßiges Rechteck entsteht. Mit der Farce bestreichen und vorsichtig einrollen. Alufolie so auf beiden Seiten einschlagen, dass sie dicht geschlossen ist, im Anschluss die **Roulade** in den Kühlschrank legen.

Karkassen zerkleinern und mit den Schlegeln zusammen in einer tiefen Pfanne mit etwas Butter anbräunen. Gemüse hinzufügen und noch einige Minuten lang mitbraten, dann den Rotwein hinzugießen. Einige Minuten köcheln lassen, damit die Schlegel den Rotwein aufnehmen können, bevor die übrigen Zutaten hinzugegeben werden. Die Brühe bei niedriger Hitze ungefähr eine Stunde lang bzw. bis die Schlegel weich sind, kochen. Schlegelfleisch von den Knochen ablösen und auch die Haut entfernen (wird für die Roulade gebraucht), danach abkühlen lassen. Brühe durch ein Sieb passieren und abkühlen lassen, dann abschöpfen. Vor dem Servieren Sauce auf 100 ml reduzieren lassen und die gerösteten Kaffeebohnen fünf Minuten lang dazugeben: Dabei Topf abdecken, damit die Sauce möglichst viel Kaffeearoma aufnehmen kann. Sauce ein weiteres Mal sieben und als Bindemittel 30 g kalte Butter unterrühren.

Die kalten **Kartoffeln** zweimal durch ein feines Sieb drücken. Mit den übrigen Zutaten vermischen und zu einem Teig kneten. Auf einer bemehlten Oberfläche (idealerweise einer Granitoberfläche) mit einer Ausstechform kleine Stücke ausschneiden und fingergroße Nudeln daraus formen. Die Oberfläche muss stets mit Mehl bestäubt sein. Wasser zum Kochen bringen, Salz und die Kartoffelnudeln hinzufügen, nochmals zwei Minuten aufkochen. Mit Eiswasser abschrecken. Auf Küchenpapier trocknen.

Die **Feigen** in sechs Spalten zerschneiden und in Butter leicht braun anbraten. **Fenchelknollen** in etwas Butter und Gemüsebrühe schmoren, bis sie weich gekocht sind.

Vor dem Servieren Backofen auf 180 °C vorheizen, die Perlhuhn-Roulade direkt auf ein Backblech legen und in das untere Drittel des Backofens schieben. Roulade alle fünf Minuten wenden, bis sie gar ist. Es braucht ungefähr 15 Minuten, bis sie innen warm ist. (Fleischthermometer: Die Temperatur im Inneren sollte 60 °C betragen.) Fleisch aus dem Backofen nehmen und 10 Minuten lang ruhen lassen. In der Zwischenzeit die Kartoffelnudeln in gebräunter Butter einige Minuten anrösten, bis sie weich sind. Alufolie entfernen und die Roulade in acht Stücke zerschneiden. Zusammen mit den Kartoffelnudeln, Feigen und dem Fenchel auf Tellern anrichten und mit der Sauce beträufeln.

Cut the cold braised leg meat in fine cubes and mix with the farce, herbs and raw liver. Butter the tin foil and season it with salt and pepper (if you season the meat directly it draws juice from the breasts and the farce won't bind properly), then place the breast vertically on the seasoned tin foil to form an equal rectangle, paste the farce on it and roll over carefully. Close the tin foil on either end and make sure it is sealed, then refrigerate the **roll**.

Chop the carcass in small pieces and, together with the legs, brown in a deep pan on the stove in some butter. Add the vegetables and roast for a few more minutes, before adding the red wine. Simmer for a few minutes to infuse the legs with the wine before adding the remaining ingredients. Cook the stock at low heat for approximately one hour or until the legs are soft. Remove the leg meat from the bones and skin (to use in the roulade) and allow to cool. Pass the stock through a sieve and leave to cool, then skim. Before serving reduce the **sauce** to 100 ml and infuse with the roasted coffee beans for five minutes, keeping it covered to retain as much aroma as possible. Pass the sauce through a sieve again and whisk in 30 g of cold butter to bind the sauce.

Press the cold **potatoes** through a fine drum sieve twice. Mix with remaining ingredients and knead into a dough, ensuring that you don't over work it. Cut into small pieces with a pastry cutter then roll on a floured surface, ideally a granite top, forming into finger-sized noodles. Keep the surface dusted with flour at all times. Bring water to the boil, add salt and the potato noodles, and bring back to the boil.

Simmer for two minutes before refreshing them in iced water. Dry on kitchen paper.

Cut the **figs** into six wedges and fry in butter until slightly brown. Braise the **fennel bulbs** in a little butter and vegetable stock until soft.

To serve preheat the oven to 180 °C and place the guinea fowl roll directly onto the baking tray on a lower grid. Keep turning every five minutes until cooked. This will take only take about 15 minutes until warm inside. (Meat thermometer – should be 60 °C inside). Remove from the oven and leave to rest for 10 minutes. Meanwhile, sauté the potato noodles in brown butter for a few minutes until soft. Unroll the tin foil and cut the roulade into eight pieces. Plate along with the potato noodles, figs and fennel, and then drizzle with the sauce.

Rust en Vrede Estate 2009

Die Perlhuhn-Roulade wird von dem gebratenen Schenkel und der Leber beeinflusst, die ihr einen leichten Wildgeschmack verleihen. Dieser greift das Shiraz-Element des Verschnitts auf, das in diesem jungen Reifestadium des Weins vorherrscht. Die Kaffeearomen in der Sauce bilden den Dialog für die Lakritz-Nuancen im Wein.

The guinea fowl roulade is influenced by the braised leg and liver, which give a light gamey aspect to it. This picks up the Shiraz element in the blend, which shows dominantly in the young stage of the wine. The coffee aromas in the sauce pick up the liquorice flavours in the wine.

Das Weingut umfasst das 1786 im Cape Dutch-Stil erbaute Gutshaus, sowie den Keller und das Jonkershuis, beide aus dem Jahre
1796. Die historischen Gebäude wurden liebevoll restauriert, bis
hin zu den original Böden, Balken und Treppen aus Gelbholz.

The wineyard of Webersburg encompasses the Cape Dutch manor
house, built in 1786, and the cellar and jonkershuis, dating back to 1796.
These historic monuments have been elegantly restored, down to the
original yellow wood floors, beams and staircases.

Das Anwesen
The Estate

Das historische Erbe des
Cape Dutch-Styles wurde
bis hin zur stilgerechten
Renovierung des Interieurs
gewürdigt.

*The historical heritage of the
Cape Dutch style has been
respected, right up to the stylish
renovation of the interior.*

D ie 1693 erbaute Farm liegt an der Annandale Road, die sich durch die Ausläufer des Helderberg Mountains windet. Einen Teil davon erwarb die Familie Weber im Jahre 1995 – so entstand Webersburg.

Die ursprünglich Groenerivier genannte Farm umfasste einst auch die angrenzenden Ländereien der heutigen Ernie Els Wines und Uva Mira Vineyards. Der Eigentümer Fred Weber verkaufte einen Teil der Farm an den Weltklassegolfer Ernie, und im Jahre 2004 wurde Webersburg teilweise auf Groenerivier verlegt.

Webersburg liegt nur rund sieben Kilometer von der False Bay entfernt und profitiert von dem frischen Westwind, der an heißen Sommertagen für Abkühlung sorgt und das Pilzwachstum verhindert. Die Anbauflächen wurden sorgfältig ausgewählt, um den unterschiedlichen Rebsorten gerecht zu werden, die auf der Farm angebaut werden: So benötigt beispielsweise ein Cabernet Sauvignon mehr Sonne als ein Merlot, der schattigere Hänge bevorzugt.

T *his farm on the Annandale Road, which winds its way through the foothills of the Helderberg mountain, was first established in 1693. A portion of it was acquired by the Weber family in 1995 and Webersburg was established.*

The farm, originally named Groenerivier, once included the adjoining land where Ernie Els Wines and Uva Mira Vineyards are now situated. Owner Fred Weber sold part of the farm to high-profile golfer Ernie and, in 2004, Webersburg relocated to a portion of Groenerivier.

Webersburg is situated some seven kilometres from False Bay and enjoys the benefits of the cool, westerly wind, which brings down temperatures on hot summer days and inhibits fungus growth. Sites have been carefully chosen to suit the various varieties planted on the farm, with Cabernet Sauvignon needing more sun than Merlot, for example, which prefers the cooler slopes.

Weingut & historische Gebäude
Winery & Historic Buildings

Der original Weinkeller im Cape Dutch-Stil, in dem die Schwingungen uralter Winzertraditionen zum Tragen kommen, wurde nach der Restaurierung in einen Reifekeller und Degustationsraum umgewandelt. Im Jahre 2007 wurde ein neuer Weinkeller fertiggestellt, zusammen mit einem Konferenzraum für Tagungen und Hochzeiten bis 200 Personen.

Das aus dem Jahre 1786 stammende Gutshaus und das Jonkershuis bieten einen Ausblick auf die Weinberge und einen Damm: Hier können die Gäste von Webersburg das liebenswerte Cape Dutch-Erbe erfahren – zur Auswahl stehen die elegante Honeymoon-Suite, vier geräumige Doppelzimmer, fünf Superior Suites und das bezaubernde Cottage des Eigentümers.

*T*he original Cape Dutch cellar, which was renovated and turned into a maturation cellar and tasting venue, resonates with age-old winemaking traditions. A new wine cellar, together with a function venue for conferences and weddings for up to 200 people, was completed in 2007.

Dating back to 1786, the manor house and jonkershuis overlook vineyards and a dam, and enable guests to experience Webersburg's gracious Cape Dutch heritage, with an elegant honeymoon suite, four spacious double rooms, five superior suites and the charming owner's cottage to choose from.

Die Menschen
Personalities

FRED WEBER & FAMILY

Der Geschäftsmann Fred Weber wollte von Anfang an aus dem Familienbetrieb ein unvergessliches Erlebnis machen und legte größten Wert auf Details – so auch bei der Renovierung der historischen Gebäude. »Während der Bauphase wurden klare Parameter aufgestellt, an die sich jeder halten musste, sodass daraus eine unaufdringliche, aber atemberaubende Struktur erwuchs, die von der original Cape Dutch-Architektur nicht ablenkte, sondern sie vielmehr noch betonte«, erklärt er.

Seine Tochter Monique, die vor ihrem Auslandsaufenthalt Internationales Marketing in Stellenbosch studierte, kehrte 2003 auf das Familienweingut zurück. Nach der Restaurierung des historischen Herrenhauses im Cape Dutch-Stil wurde es von ihr in ein Fünf-Sterne-Gästehaus umgewandelt. Monique war es auch, die Webersburgs Exklusivität im Bereich Hochzeiten und kulinarische Genüsse bekannt machte. Heute ist sie Geschäftsführerin und setzt alles daran, Webersburg zu einem unvergesslichen Kleinod zu machen: »Ich will mit all meiner Leidenschaft sämtliche Elemente zusammenführen, die für einen unvergesslichen Ort ausschlaggebend sind!«

Monique ist mit dem international angesehenen Weinhersteller und Winzer Matthew van Heerden verheiratet. Matthew wurde zum Diners Club Young Winemaker des Jahres 2011 ernannt.

Businessman Fred Weber has been passionate from the start about creating a memorable experience at this family-run boutique winery and has paid attention to every detail, including renovating the historic buildings. »During construction, clear development parameters were drawn up and adhered to, resulting in an unobtrusive, yet breathtaking structure that does not detract from the original Cape Dutch architecture, but rather embraces it«, he explains.

His daughter Monique, who studied international marketing in Stellenbosch before working and travelling abroad, joined the family's wine estate in 2003. After the restoration of the historic Cape Dutch homestead was completed, she established it as a five-star guesthouse, and introduced Webersburg's exclusive wedding and culinary experience. Monique, who is now the GM, is committed to making Webersburg a memory to treasure lifelong: »I'm passionate about bringing together all the elements that create an unforgettable experience!«

Monique is married to Matthew van Heerden, internationally acclaimed winemaker and viticulturist. Matthew was named the Diners Club Young Winemaker of the Year 2011.

Die Weine
The Wines

Kulinarische Weinbegleitung
Wine Pairing

Webersburg ist ein kleines Weingut nach klassischer französischer Tradition: kleine Produktionsmengen pro Hektar Land, Handernte, kontrollierte Gärung und Chargenfertigung in kleinen Fässern. Für jeden Jahrgang wird ein hoher Prozentsatz an neuen Fässern verwendet, was zusätzliche Struktur und Komplexität bringt. Man stellt den Qualitätsrahmen zur Verfügung, setzt auf minimale Intervention und ermöglicht es so den einzigartigen Weinen, ihre spezifischen Traubencharakateristika zum Ausdruck zu bringen.

Die Weinherstellung geschieht ohne Eile – man lässt den Weinen Zeit, sich zu entwickeln. Rotweine reifen zwischen 18 und 22 Monate lang im Fass und anschließend zwei Jahre in der Flasche, bevor sie in den Handel kommen.

Der hoch angesehene beratende Winzer Giorgio Dalla Cia ist für die Vinifizierung der Rotweine zuständig – einen Cabernet Sauvignon und den Webersburg, einen vom Cabernet bestimmten Blend im Bordeaux-Stil. Der preisgekrönte Weinhersteller und Winzer Matthew van Heerden vom benachbarten Weingut Uva Mira Vineyards stellt den Sauvignon Blanc her.

*W*ebersburg is a boutique winery that follows the classic French tradition of low production per hectare, hand harvesting, controlled fermentation and small barrel lot production. A high percentage of new barrels are used with every vintage, adding structure and complexity. They believe in minimal intervention, allowing their unique wines to express specific grape characteristics and provide a quality framework.

The winemaker takes an unhurried approach, allowing the wines to develop with time. Red wines are left to mature in barrel for 18 to 22 months, followed by two years of bottle ageing before release.

Highly regarded consultant winemaker Giorgio Dalla Cia vinifies the red wines – a Cabernet Sauvignon and the Webersburg, a Cabernet-driven Bordeaux-style blend. Matthew van Heerden, award-winning winemaker and viticulturist at neighbouring Uva Mira Vineyards, makes the Sauvignon Blanc.

Die Trauben für den Webersburg Cabernet Sauvignon 2006 werden von Hand in Obstkisten gepflückt, danach abgebeert, sortiert, behutsam in offene Gärbehälter gepresst und einige Male vorsichtig zerstoßen. Für Komplexität, Aromate, Textur und Kompatibilität der Rebsorten wurden verschiedene französische Fässer sorgfältig ausgewählt. Der Wein reift 18 Monate lang in 300-Liter-Eichenfässern, von denen 70 % neu sind. Daran anschließend folgt eine vierjährige Flaschenreifung. Der rubinrote Wein mit seinem intensiven Aroma von roten Beeren und zarten Noten von dunkler Schokolade besitzt eine elegante Struktur mit harmonisch eingebetteten Tanninen und einem konzentrierten lang anhaltenden Abgang.

The grapes for the Webersburg Cabernet Sauvignon 2006 were handpicked into lug boxes followed by destemming, berry sorting, gentle crushing directly into open top fermenters and a series of gentle punch downs. A selection of French barrels was carefully chosen for their complexity, aromatics, texture and fruit compatibility. The wine spent 18 months in 300-litre oak barrels, 70 % of which were new, and was matured in bottle for four years before being released. A deep ruby-red with intense aromas of red berry fruit and gentle notes of dark chocolate, this wine has an elegant structure with integrated tannins, and a concentrated and lingering finish.

Zutaten / *Ingredients*

Für das Fleisch

750 g Rinderfilet aus dem besten Stück
(in Form von vier gleich großen Steaks),
30 ml pflanzliches Öl, 50 g Butter,
Thymianzweig

Für die Rotwein-Bratensauce

½ Flasche Rotwein (vorzugsweise Cabernet Sauvignon, auf 50 ml reduziert),
200 ml gute Rinderbrühe (am besten
selbst gemacht), 10 g Maisstärke,
2 Thymianzweige, je ½ TL Koriander &
weiße Pfefferkörner

Für das Gemüse-Potpourri

300 g frisches junges Gemüse, 250 g Pilze,
40 g Butter, 1 Frühlingszwiebel (nur der
weiße Teil, geschnitten)

Für die Pasta

Bitte beachten: Die Pasta sollte im Voraus
zubereitet werden. Eine Nudelmaschine ist
für die Herstellung erforderlich.
100 g Mehl, 100 g Grieß, 2 Eier aus Frei-
landhaltung, ½ TL Salz, 15 ml Olivenöl

For the meat

*750 g beef fillet from the prime piece
(cut into four equal steaks), 30 ml vegetable
oil, 50 g butter, Sprig of thyme*

For the basting sauce

*½ bottle red wine (preferably Cabernet
Sauvignon, reduced to 50 ml), 200 ml good-
quality beef stock (preferably homemade),
10 g corn starch, 2 sprigs of thyme,
½ ts each coriander & white peppercorns*

For the vegetable pot pourri

*300 g fresh young vegetables, 40 g butter,
250 g mushrooms, 1 spring onion (white
portion only sliced)*

For the pasta

*Please note: The pasta needs to be made in
advance. Special equipment required: pasta
machine. 100 g flour, 100 g semolina,
2 free-range eggs, ½ ts salt, 15 ml olive oil*

Rinderfilet in Rotweinsauce mit Gemüse-Potpourri & Pasta-Quadraten

Beef fillet in a red-wine basting sauce with vegetable pot pourri & pasta squares

Rinderfiletsteaks in einer heißen Metallpfanne in der Öl-/Buttermischung zusammen mit dem Thymianzweig von jeder Seite zwei Minuten lang anbraten, bis sie »medium« sind. Filetsteaks aus der Pfanne nehmen und warm stellen. Die Pfanne mit der Rotwein-Bratensoße ablöschen, eine Minute lang umrühren und durch ein Sieb auf das Fleisch gießen.

Sauce: Alle Zutaten in einen Stieltopf geben und reduzieren, bis die Konsistenz so dickflüssig ist, dass man damit das Fleisch überdecken kann.

Man kann die verschiedensten frischen jungen **Gemüsesorten** verwenden. Farbe auf den Teller bringt man mit Baby-Karotten, Baby-Mais oder Zuckerschoten; frische Pilze sorgen für ein ansprechendes Aroma. Das Gemüse kurz in gesalzenem Wasser blanchieren und in Eiswasser abschrecken, damit es knackig bleibt und die Farbe behält. Das Blanchierwasser zur Seite stellen. Butter in die Fleischpfanne geben und Pilze und Frühlingszwiebel einige Minuten lang andünsten. Restliches Gemüse hinzufügen und mit etwas Blanchierwasser ablöschen.

Pasta: Sämtliche Zutaten mit einem Rührgerät auf niedriger Stufe zu einem festen Teig kneten. Von Hand weiterkneten, bis er sich geschmeidig anfühlt. Den Teig zu einer rechteckigen Form ausrollen, in Plastikfolie einwickeln und eine Stunde lang ruhen lassen. Mit Mehl bestäuben und mit der Nudelmaschine in 1 mm dicke Streifen ausrollen. Bei diesem Arbeitsschritt muss man den Teig in drei Teile übereinander legen, dabei immer wieder mit Mehl bestäuben und ihn drei oder mehr Male ausrollen, bis er eine langgestreckte Rechteckform bildet. Einige Minuten lang ruhen lassen, dann acht gleiche, 8 cm große Quadrate ausschneiden. Zur späteren Weiterverarbeitung auf ein mit Mehl oder Grieß bestäubtes Backpapier legen.

Vor dem Servieren das restliche Blanchierwasser in einen Topf geben, einen Schluck Olivenöl hinzugießen und aufkochen lassen. Die frischen Pasta-Quadrate hineingeben und eine Minute lang kochen; dann abgießen. Auf jeden Teller zwei Pasta-Quadrate geben, darauf jeweils ein halbes Rinderfiletsteak platzieren und das Gemüse um die Pasta herum dekorieren. Alle Zutaten sehr schnell auf den Tellern anrichten, damit sie ihre Konsistenz und Farbe behalten. Die Pasta sollte »al dente« gekocht sein. Die übrige Bratensauce über den Speisen verteilen, mit Estragon oder glatter Petersilie garnieren und sofort servieren.

Fry the **beef fillet steaks** in a hot metal pan in the oil and butter mixture with the sprig of thyme for approximately two minutes on either side for medium-rare, or adjust frying time according to your own preference. Remove the beef fillet steaks and keep in a warm place. Deglaze the pan with the basting sauce, stir for one minute and pass through a sieve onto the meat.

For the sauce add all the ingredients together in a saucepan and reduce to a consistency thick enough to coat the meat.

You can use a variety of fresh **young vegetables**. Colour can be brought in by using baby carrots, baby corn or sugar snap peas, and fresh mushrooms add valuable flavours to the dish. Blanche the vegetables briefly in salted water and refresh in iced water to keep them crunchy and retain their colour. Keep the blanching stock aside. Add butter to the meat pan, and sauté the mushrooms and the spring onion for a few minutes. Add the rest of the vegetables and then a splash of the blanching stock in order to glaze the ingredients.

For the pasta place all ingredients into a dough mixer and knead slowly to a firm consistency. Remove from the mixer and knead further by hand until smooth. Flatten the dough into a rectangular shape, wrap in clingfilm and allow to rest for an hour. Dust with flour and roll out into 1 mm-thick sheets using a pasta machine. During this process you need to keep folding the dough onto itself in thirds, dusting it with flour again, and rolling it three or more times until it forms a long rectangular sheet. Leave to rest for a few minutes and then cut eight equal 8cm squares out of it, using a ruler to measure. Place on a flour- or semolina-dusted baking sheet, ready to cook later.

To serve put the remaining blanching stock in a pot, add a glug of olive oil and bring it to the boil. Add the fresh pasta squares and boil for about one minute before draining. Place two pasta squares on each plate, top each with half a beef fillet steak, then arrange the vegetables around the pasta. Plate all the elements quickly to retain freshness and texture, and keep the pasta al dente. Drizzle the remaining basting sauce over the dish, garnish with tarragon or Italian flat-leaf parsley, and serve immediately.

Webersburg Cabernet Sauvignon 2006

Da dieser Wein ein klassisches Beispiel für einen Cape Cabernet Sauvignon darstellt, passt er am besten zu Rind. Die weiche Textur des Rinderfilets, die seidige Geschmeidigkeit dieses reifen Weins und die Rotwein-Sauce vereinigen sich und bringen die volle Herkunft zur Geltung, die der Wein besitzt.

Being a classic example of a Cape Cabernet Sauvignon, this wine pairs best with beef. The soft-textured beef fillet, the silkiness of this matured wine and the red wine basting combine to bring out the full extraction the wine has.

Zorgvliet

Zorgvliets Weine beruhen auf der Philosophie »Eleganz in Wein«, die Tradition und modernes, zukunftsorientiertes Denken miteinander verbindet. Vom Weinberg bis zum Keller wird Wert auf größte Sorgfalt gelegt und das Prinzip minimaler Intervention befolgt. Beim Weinbau strebt das Mitarbeiterteam einen umweltbewussten, »grünen« Ansatz an, auf den es sehr stolz ist.

Zorgvliet's wines are based on an 'Elegance in Wine' philosophy incorporating tradition with modern, forward thinking. From the vineyard to the cellar, great care is taken and a principle of minimal intervention followed. Viticulturally, they strive towards an environmentally green approach to their vineyards, in which their team takes great pride.

Das Anwesen
The Estate

Zorgvliet (was salopp übersetzt so viel heißt wie »lass deine Sorgen los«) im wunderschönen Banghoek Valley bei Stellenbosch gelegen, blickt auf eine 300-jährige Geschichte zurück. Casper Wilders (bzw. Willers, wie es bisweilen in Berichten auftaucht) kam vor 1680 aus Hamburg (oder Homburg; das geht nicht klar aus den Berichten hervor), als er als Soldat bei der Dutch East India Company (DEIC) diente. 1683 wurde ihm Zorgvliet von Gouverneur Simon van der Stel zugesprochen, die Farm wurde 1692 eingetragen. Im Jahre 1703 ging sie in den Besitz von Johannes Mulder über, der 1682 ebenfalls als Soldat der DEIC aus Rotterdam am Kap ankam. Es ist zwar nicht bekannt, wann auf Zorgvliet die ersten Weinstöcke angepflanzt wurden, die heutige Kapelle jedoch wurde 1732 als Weinkeller erwähnt, der ungefähr zwölf Leaguer Wein (1 Leaguer = 570 Liter) fasste.

Der Selfmade-Geschäftsmann Mac van der Merwe und seine Frau Marietjie kauften Zorgvliet im Jahre 2002. Sie investierten viel Zeit, Geld und Liebe, um die heruntergewirtschaftete Farm wieder in Schuss zu bringen und das Anwesen auszubauen. 2003 wurde der 80-Tonnen-Keller in einen hochmodernen 500-Tonnen-Weinkeller umgebaut. Die Renovierung sämtlicher alten Gebäude wurde mit großer Sorgfalt durchgeführt und neue Rebstöcke wurden gepflanzt. Insgesamt wurden 55 Hektar an standortspezifischen Weinbergen angelegt – der älteste ist gerade mal 13 Jahre alt.

Heute hat Zorgvliet nicht nur preisgekrönte Weine zu bieten, sondern auch einen Verkostungsraum, einen Raum für Hochzeiten, ein Restaurant, ein luxuriös ausgestattetes Landhaus mit 17 Gästezimmern sowie das erst kürzlich eröffnete französische Restaurant im Bistro-Stil, das »Café Dijon @ Zorgvliet«. Die moderne, ortstypische Kap-Architektur verschmilzt mit dem authentischen Degustationsraum aus dem Jahre 1692. Das Tal hat magische Landschaften zu bieten: atemberaubende Aussichten auf die Berge und Weinberge – die perfekte Location für ein südafrikanisches »braais« (Grillen über offener Flamme) oder Picknick.

Außerordentliche Sorgfalt in der Gestaltung und bei der Weinernte sind kennzeichnend für das Weingut.

Extraordinary care in the design and the harvest are characteristic for this estate.

Zorgvliet (which loosely translated means »let your sorrows flee«), in the beautiful Banghoek Valley near Stellenbosch, has a history dating back 300 years. Casper Wilders (or Willers as it is also recorded) arrived from Hamburg (or Homburg, this is unclear from the records) prior to 1680, when he served as a soldier with the Dutch East India Company (DEIC). In 1683, he was granted Zorgvliet by Governor Simon van der Stel, and the farm was registered in 1692. In 1703, it was transferred to Johannes Mulder, who arrived at the Cape from Rotterdam in 1682 as a soldier with the DEIC. Although it is not know when the first vines were planted on Zorgvliet, the present-day chapel was indicated as the wine cellar in 1732, and he also left some 12 leaguers of wine.

Self-made businessman Mac van der Merwe and his wife Marietjie bought Zorgvliet in 2002. They invested time, money and love in restoring the rundown farm and further developing the property. In 2003, the 80-ton cellar was transformed into a 500-ton state-of-the-art cellar. Renovation of all old buildings was done with great care and new vines were planted. A total of 55 hectares of site-specific vineyards were planted, with the oldest being some 13 years.

Today, Zorgvliet boasts not only award-winning wines but also a tasting room, wedding venue, restaurant, a luxurious 17-room country lodge, and the recently opened French bistro-style restaurant, »Café Dijon @ Zorgvliet«. The contemporary Cape vernacular architecture blends in with the authentic tasting room dated back to 1692. The valley has a magical ambience with exquisite views of mountains and vineyards, a perfect setting for the mountain braais and picnics on offer.

Weingut & historische Gebäude
Winery & Historic Buildings

Der Keller, der zu den technologisch bestausgestatteten in ganz Südafrika gehört, wurde nach besonderen Aspekten entworfen, darunter minimale mechanische Intervention und die Berücksichtigung innovativer Elemente, wie z. B. das Gefälle der Abhänge, das dazu verwendet wurde, ein auf Schwerkraft beruhendes System einzubauen. Weitere Merkmale sind ein computergesteuertes System, das die Vorgänge im Weinkeller 24 Stunden am Tag überwacht – mithilfe eines Live Feeds haben die Mitarbeiter des Weinguts von jedem Internetzugang auf der Welt vollen Zugriff und Kontrolle über den Weinkeller.

Überdies wurden zusätzlich noch Systeme zur Qualitätskontrolle eingeführt, wie beispielsweise Sortiertische, auf denen Trauben und Beeren sortiert werden. Auf Förderbändern werden die bereits sortierten Beeren zu den Gärbehältern transportiert, wo der Zerkleinerungsvorgang direkt über dem Tank stattfindet und so die Oxidationszeit minimiert werden kann. All das kann man auf einem Weinkeller-Rundgang aus erster Hand erfahren.

Gekonnt modernisiert:
Im nun großen Weinkeller
werden alle Früchte der
Farm verarbeitet.

*The skilfully modernised wine
cellar processes all the grapes
from the farm.*

*T*he cellar, one of the most technologically advanced in South Africa, was designed according to specifics such as minimal mechanical intervention, and incorporating innovative elements such as the slope of the land being used to employ a gravity-fed system. Other features include computerised systems monitoring the cellar operations 24 hours a day – a live feed allows the winemaking team full access and control of the cellar from any Internet point in the world.

Additional quality control systems have also been adopted such as sorting tables where bunch- and berry-sorting take place. Conveyors ferry the already sorted berries to their fermentation vessels, where the crushing process takes place directly above the tank, ensuring a minimum oxidation period. All of this can be seen firsthand on a cellar tour.

Die Menschen und ihr Engagement

Personalities & dedication

IZELLE & STEPHAN, RICHELLE & SIMONE VAN DER MERWE

Im Jahre 2009 übernahmen Mac und Marietjie van der Merwes Sohn Stephan und seine Frau Izelle die Leitung von Zorgvliet, in der sie seit 2003 mitgearbeitet hatten.

»Wir übernehmen die Verantwortung für Zorgvliet, genau wie es meine Eltern getan haben, und unsere beiden Töchter Richelle und Simone werden eines Tages ebenfalls dafür verantwortlich sein. Zum heutigen Zeitpunkt aber sind wir und unsere Mitarbeiter auf Zorgvliet bestrebt, der Welt zu zeigen, in welchem Rhythmus Zorgvliet und das Banghoek Valley schwingen«, sagt Stephan.

In 2009, Mac and Marietjie van der Merwe's son Stephan and his wife Izelle took over running Zorgvliet, where they have been involved since 2003.

»We have the responsibility to take care of Zorgvliet, as my parents did, and our two daughters, Richelle and Simone, will have the same responsibility one day. But for now we and our fellow employees at Zorgvliet strive to show the world the rhythm of Zorgvliet and the Banghoek Valley«, says Stephan.

Die Weine
The Wines

Das Weinangebot auf Zorgvliet umfasst drei Ebenen. Zorgvliet Simoné und Zorgvliet Richelle, die voller Stolz nach den beiden Töchtern von Stephan und Izelle benannt wurden, sind die Fahnenträger, die das Anbaugebiet von Zorgvliet optimal zum Ausdruck bringen. In ihrer begrenzten Stückzahl verkörpern sie das Beste, was jeder Weinberg zu bieten hat. Der Zorgvliet Simoné ist ein Wein auf Semillon-Basis, ergänzt durch kleine Mengen Sauvignon Blanc. Der Zorgvliet Richelle ist ein Blend auf Cabernet Sauvignon-Basis, vervollständigt durch Cabernet Franc, Merlot und Petit Verdot, was von Weinberg zu Weinberg variiert. Die Zorgvliet-Ebene besteht aus ihren Ultra-Premium-Angeboten an vorwiegend standortspezifischen Weinen einer einzigen Rebsorte, allen voran Sauvignon Blanc und Cabernet Sauvignon. Die dritte Ebene, Silver Myn, bietet eine Auswahl an zeitgemäßen, modernen Weinen.

Schon fast ein Jahrzehnt lang hat der dynamische junge Winzer Neil Moorhouse seinen Beitrag zum Erfolg von Zorgvliets Weinen geleistet. Neil ist der Überzeugung, dass alles seinen Anfang in den Weinbergen nimmt und dass die Achtung vor dem Anbaugebiet – Lage, Bezug und das den Weinberg umgebende Mikroklima – von höchster Bedeutung ist. »Wenn wir all dies berücksichtigen, dann glaube ich fest daran, dass wir auf dem besten Weg sind, unserer Philosophie ›Eleganz in Wein‹ gerecht zu werden und das Beste herauszuholen, was das Weingut Zorgvliet zu bieten hat«, erlärt Neil.

*T**he Zorgvliet portfolio of wines offers three tiers. Zorgvliet Simoné and Zorgvliet Richelle, which proudly carry the names of Stephan and Izelle's daughters, are the flag bearers that represent the ultimate expression of Zorgvliet's terroir. As limited releases, they embody the very best of each vintage. The Zorgvliet Simoné is a Semillon-based wine backed by small amounts of Sauvignon Blanc. The Zorgvliet Richelle is a Cabernet Sauvignon-based blend, complemented by Cabernet Franc, Merlot and Petit Verdot, which varies from vintage to vintage. The Zorgvliet tier consists of their ultra-premium offerings of predominantly single site-specific vineyard wines, headed by their Sauvignon Blanc and Cabernet Sauvignon. Their third tier, Silver Myn, offers a range of accessible, modern wines.*

Dynamic young winemaker Neil Moorhouse has skilfully contributed towards the success of Zorgvliet's wines for almost a decade. Neil believes that everything starts in the vineyards and respect for terroir – site, aspect and the microclimate surrounding the vineyard – is of the utmost importance. »When all of this is taken into account, I believe that we are on our way to achieving our philosophy of ›Elegance in Wine‹ and the very best that the Zorgvliet property has to offer«, says Neil.

Kulinarische Weinbegleitung
Wine Pairing

Zorgvliet Richelle 2006 ist ein Blend aus 47 % Cabernet Sauvignon, 23 % Petit Verdot, 13 % Merlot, 13% Cabernet Franc und 4 % Malbec. Der Wein verbringt 21 Monate in französischen und russischen Eichenfässern, davon die ersten zwölf Monate als Einzelkomponenten. Danach wird er gemischt und weitere neun Monate lang – ohne weiteren Abstich – in Holzfässern gelagert. Noten von Cassis, Zedernholz und exotische Gewürznelken in der Nase setzen sich über den Gaumen fort und enthüllen große Eleganz und außergewöhnliche Konzentration. Reife, dunkle Beeren mit verhaltener Mineralität ergeben eine texturierte und feine Tanninstruktur.

Zorgvliet Richelle 2006 is a blend of 47 % Cabernet Sauvignon, 23 % Petit Verdot, 13 % Merlot, 13 % Cabernet Franc and 4 % Malbec. The wine spent 21 months in French and Russian oak, the first 12 months as individual components, then was blended and returned to wood for a further nine months with no further racking. Cassis, cedar wood and exotic notes of cloves on the nose follow through to the palate, revealing great elegance and immense concentration. Ripe dark berry fruit with restrained minerality lead to a textured and fine tannin structure.

Für den Strauß

700 g Straußenfilet (vorzugsweise Eye- bzw. Long-Filet), ½ Orange (abgerieben)

Gewürzmarinade bestehend aus: 1 TL weiße Pfefferkörner, ½ TL Koriandersamen, ½ TL Kreuzkümmelsamen, 1 Lorbeerblatt, Salz, 30 ml pflanzliches Öl & 30 g Butter zum Anbraten, Holzspäne zum Räuchern

Für das Zwiebel-Confit

2 rote Zwiebeln (oder 8 Schalotten, in Julienne-Streifen geschnitten), 30 g Butter, 1 TL brauner Zucker, 1 TL Honig, 1 Lorbeerblatt, ½ TL frischer Thymian (gehackt)

Für das Gemüse

4 ganze Rote Bete, 4 Tenderstem-Broccoli, 30 g Butter, Salz

For the ostrich

700 g ostrich fillet (preferably eye or long fillet), ½ orange (zested)

Spice rub consisting of: 1 t white peppercorns, ½ ts coriander seeds, ½ t cumin seeds, 1 bay leaf, Salt, 30 ml vegetable oil & 30 g butter for frying, Wood chips for smoking

For the onion confit

30 g butter, 1 ts brown sugar, 1 ts honey, 2 red onions (or 8 shallots, cut in julienne strips), 1 bay leaf, ½ ts fresh thyme (chopped)

For the vegetables

4 whole beetroot, 4 spears of tenderstem broccoli, 30 g butter, Salt

Leicht geräuchertes Straußenfilet mit Rote Bete, Confit von roten Zwiebeln & Balsamico-Reduktion

Lightly smoked ostrich fillet with beetroot, red onion confit & a balsamic reduction

Straußenfilet von sämtlichen Adern befreien und in vier gleich große Stücke schneiden. Alle Gewürze fein zermahlen. Das Fleisch in der Gewürzmarinade und dem Orangenabrieb wälzen und über Nacht in den Kühlschrank stellen. Straußenfleisch ist sehr gesund, da es jedoch kein Fett enthält, muss es gut mariniert und sorgfältig behandelt werden. Zwei Stunden vor dem Servieren Öl und Butter in einer heißen Pfanne erhitzen, bis die Butter leicht gebräunt ist; erst dann das Straußenfleisch hineingeben (auf diese Weise wird das Fleisch schnell und behutsam gebräunt) und von allen Seiten für insgesamt zwei Minuten anbraten.

Das Räuchern sollte frühzeitig erfolgen, damit noch Zeit bleibt, die Küche danach gut zu lüften. Zum Räuchern des Straußenfleischs kann man eine Metallpfanne mit Deckel verwenden. Den Pfannenboden mit Holzspänen auslegen; auf die Pfanne ein rundes Kuchengitter legen, sodass noch ein Zwischenraum frei bleibt. Das Fleisch auf das angehobene Gitter legen und den Deckel schließen. Pfanne auf dem Herd so lang erhitzen, bis sich Rauch bildet. Wärmezufuhr regulieren und fünf bis acht Minuten lang räuchern. Straußenfleisch vom Gitter nehmen und auskühlen lassen; danach mit einem feuchten Tuch abdecken und bis zum Servieren ruhen lassen.

Butter in einer Pfanne erhitzen und Honig und braunen Zucker leicht karamelisieren, bevor **Zwiebeln** und Kräuter hinzugefügt werden. Bei niedriger Temperatur in ihrem eigenen Saft andünsten, bis sie sehr weich sind, dann salzen. Mit einem Holzlöffel ständig umrühren.

Rote Bete waschen und in Salzwasser weich kochen; dabei Haut und Wurzeln an den Rote Beten belassen, damit sie nicht auslaufen. Abkühlen lassen und vorsichtig schälen, damit sie ihre natürliche Form behalten. **Broccoli** kurz in Salzwasser blanchieren, damit er noch bissfest ist, danach in Eiswasser abschrecken.

Vor dem Servieren 50 ml Balsamico-Essig reduzieren lassen, bis er eine sirupähnliche Konsistenz aufweist. Das Fleisch im vorgeheizten Backofen kurze Zeit aufwärmen. Rote Bete und Broccoli separat in Butter wälzen, würzen und alle Komponenten auf den Tellern anrichten. Mit der Balsamico-Reduktion den Tellerrand beträufeln.

C *lean the **ostrich fillet** of any veins and cut into four equal pieces. Marinate the meat in the rub and orange zest, and keep refrigerated overnight. Ostrich is a very healthy meat, but as it does not contain fat it needs to be well marinated and carefully treated. Two hours before serving heat up a pan, add the oil and butter and wait until the butter starts to go brown before adding the ostrich (this way the meat browns quickly and gently); now sear on all sides for about two minutes in total.*

The smoking process should be done early enough to allow you to air the kitchen out well afterwards. To smoke the meat you can use a metal pan with a lid. Place a layer of wood chips on the bottom of the pan and put a round baking grid on top, leaving a gap. Place the meat onto the raised grid and close the lid. Heat the pan on the stove until it starts to smoke. Regulate the heat and leave to smoke for five to eight minutes. Remove the ostrich and leave to cool, then cover with a moist cloth and leave until ready to serve.

*Heat the butter in a pan, then caramelise the honey and brown sugar lightly before adding the **onions** and herbs. Sweat at a low heat in their own juice until very soft and season with salt. Keep stirring with a wooden spoon.*

*Wash and cook the **beetroot** in salted water until soft, leaving the skin and roots on to stop them from bleeding. Leave to cool and peel carefully to keep the natural shape. Blanch the **broccoli** spears quickly in salted water, retaining their crunch, then refresh in iced water.*

To serve reduce 50 ml of balsamic vinegar until it starts to become a syrupy consistency. Warm the meat up in a preheated oven for a short time. Toss the beetroot and the broccoli spears separately in butter, season and plate all components of the dish. Drizzle the balsamic reduction around the plate.

Zorgvliet Richelle Bordeaux style Blend 2006

Der Zorgvliet Richelle-Blend im Bordeaux-Stil zeigt dunkelrote Früchte in der Nase und auf dem Gaumen. Die Textur des Weins geht in Richtung rohes Filet mit intensiven Fleisch- und leichten Raucharomen.

The Zorgvliet Richelle Bordeaux-style blend shows dark red fruit on the nose and on the palate. The texture of the wine leans towards rare fillet with intense meaty, slightly smoky flavours.

Lageplan & Adressen

Map of the area & addresses

SÜDAFRIKA

Kanonkop △ 463

Vo&lvlei Dam

Berg River

Breede River

Hex River Mountains
Buffelshoek Peak △ 2059

Wellington

Groot-Sneekop △ 1685

Worcester

Breede River

Brandvlei Dam

Paarl

Queen Victoria Peak △ 1300

Kwaggaskloof Dam

Klapmuts

Wemmershoek Mountains

Wemmershoek Dam

Perdekop △ 1122

Stettynsberg △ 1820

Simonsberg △ 1390

Stellenbosch

Drakenstein Peak △ 1491

Kapstadt

Franschhoek Mountains

Haelkop △ 1384

Theewaterskloof Dam

Falsebai

Die Region Stellenbosch nordöstlich von Kapstadt gilt als eines der herausragenden Weinanbaugebiete der Welt. Dass es zugleich eine faszinierende Mischung aus Traditionsbewusstsein und Innovationsbereitschaft ist, belegen die ausgewählten Weingüter.

The region of Stellenbosch, northeast of Capetown, is said to be one of the world's outstanding wine-growing districts. Beyond that, it's a fascinating mixture of consciousness of tradition and innovations, which is examplified by the selected winerys.

0   10   20 km

1

Babylonstoren Farm

Klapmuts/Simondium Rd,
Simondium, South Africa
www.babylonstoren.com · enquiries@babylonstoren.com
Tel + Fax: +27 / (0)21.863 38 52

2

Boschendal

Pniel Road R310, Groot Drakenstein,
7680 South Africa
www.boschendalwines.co.za · cellardoor@dgb.co.za
Tel: + 27 / (0)21.870 42 10/1 · Fax: + 27 / (0)21.874 15 31

3

Delaire Graff Estate

Helshoogte Pass,
Stellenbosch, 7600 South Africa
www.delaire.co.za · info@delaire.co.za
Tel: +27 / (0)21.885 81 60 · Fax: +27 / (0)21.885 12 70

4

Fable Wines

Die Fonteine, Weltevrede Road,
R46 Between Tulbagh & Wolseley, South Africa
www.fablewines.com · info@fablewines.com
Tel: +27 / (0)21.813 60 23 · Fax: +27 / (0)86.660 92 88

5

Dornier

Blaauwklippen Road,
Stellenbosch, 7600 South Africa
www.dornier.co.za · info@dornier.co.za
Tel: +27 / (0)21.880 05 57 · Fax: + 27 / (0)21.880 14 99

6

Hidden Valley

T4 Route, From Annandale Rd,
Off the R44, Stellenbosch, South Africa
www.hiddenvalleywines.co.za · info@hiddenvalleywines.co.za
Tel: +27 / (0)21.880 26 46 · Fax: +27 / (0)21.880 26 45

7

Keermont

Blaauwklippen Road,
Stellenbosch, 7600 South Africa
www.keermont.co.za · info@keermont.co.za
Tel: +27 / (0)21.880 03 97 · Fax: +27 / (0)21.880 05 66

8

Kleinood

Blaauwklippen Road,
Stellenbosch, South Africa
www.kleinood.com · sales@kleinood.com
Tel: +27 / (0)21.880 25 27 · Fax: +27 / (0)21.880 28 84

9

Kleine Zalze

R44 Strand Road,
Stellenbosch, 7600 South Africa
www.kleinezalze.co.za · quality@kleinezalze.co.za
Tel: +27 / (0)21.880 07 17 · Fax: +27 / (0)21.880 07 16

10

La Motte

R45, Main Street,
Franschhoek, South Africa
www.la-motte.com · cellar@la-motte.co.za
Tel: +27 / (0)21.876 80 00 · Fax: +27 / (0)21.876 34 46

11

L`Ormarins

R45, Main Road, Franschhoek,
South Africa
www.rupertwines.com · tasting@rupertwines.com
Tel: +27 / (0)21.874 90 00 · Fax: +27 / (0)21.874 91 00

12

Mont Destin

Valley Rd, R44 Stellenbosch,
South Africa
www.montdestin.co.za · info@montdestin.co.za
Tel: +27 / (0)21.875 58 70 · Fax: +27 / (0)21.875 58 70

13

Rust en Vrede

Annandale Road,
Stellenbosch, South Africa
www.rustenvrede.com · info@rustenvrede.com
Tel: +27 / (0)21.881 38 81 · Fax: +27 / (0)21.881 30 00

14

Webersburg

Annandale Road Off the R44,
Stellenbosch, South Africa
www.webersburg.co.za · monique@webersburg.co.za
Tel: +27 / (0)21.881 36 36 · Fax: +27 / (0)21.881 32 17

15

Zorgvliet

R310 Helshoogte Pass, Banghoek Valley,
Stellenbosch, 7600 South Africa
www.zorgvlietwines.com · essie@zorgvliet.com
Tel: +27 / (0)21.885 13 99 · Fax : +27 / (0)21.885 13 18

Die Initiatoren
The initiators

Gerard de Villiers

Gerard de Villiers begeistert sich für alle Aspekte rund um Weine: das Anbaugebiet, die Reben, die Gebäude und die Ausrüstung zur Verarbeitung der Trauben – ganz besonders aber für das Endprodukt.

Gerard und seine Frau Libby sind Eigentümer des Weinguts Kleinood, das auch in diesem Buch vorgestellt wird.

Gerard ist Ingenieur und gründete sein Consulting-Unternehmen im Jahre 1983. Er entwirft fast ausschließlich Weinkellereien und hat bereits bei über 150 Weingütern weltweit mitgearbeitet. Spezialisiert auf die Anlagenplanung für Weingüter, ist er mit sämtlichen Aspekten der Vinifizierung befasst. Er ist außerdem Bauingenieur und somit oft für die Bauplanung von Gebäuden verantwortlich. Gerards Beteiligung an der Bauplanung zieht sich wie ein roter Faden durch sämtliche in diesem Buch vorgestellten Weingüter.

Auf einer fantastischen Autofahrt während einer stürmischen Nacht von der Insel Sylt nach Düsseldorf kam Gerard – zusammen mit seinem guten Freund Thomas Ernst – auf die Idee, dieses Buch in Angriff zu nehmen.

*G*erard de Villiers *is passionate about all aspects of wine. The terroir, the vines, the buildings and equipment in which the grapes are vinified, and especially the end product. Gerard and his wife, Libby, are the owners of the farm Kleinood featured in this book.*

Gerard is an Engineer, and he started his consulting company in 1983. He has worked almost exclusively on the design of wineries, and has been involved in more than 150 wineries all over the world. He specialises in the process design of a winery, which entails all aspects of vinification. He is also a Structural Engineer, and is often responsible for the structural design of the buildings. The one line that winds it's way through all of the wineries featured in this book is that Gerard was involved as an Engineer in all of them.

Gerard conceptualized this book with his good friend Thomas Ernst on an epic car trip one stormy night from the island of Sylt down to Dusseldorf.

Thomas Ernst

Bereits in seiner frühesten Jugend interessierte sich **Thomas Ernst** für Fotografie und Aufnahmetechniken mit manuellen Kameras. Höhepunkt war für ihn sein erstes eigenes Fotolabor und die Entwicklung der aufgenommenen Schnappschüsse.

Wann auch immer es seine Zeit zuließ, bereiste er viele Länder der Welt, fotografierte und schrieb für verschiedene Publikationen. Später folgte dann seine Ausbildung zum Offizier bei der deutschen Bundeswehr mit Schwerpunkt Sozialpädagogik. Gemeinsam mit seiner Frau Martina liebt er es, ferne Länder zu bereisen, gutes Essen zu genießen und dazu hervorragende Weine zu entdecken. Nicht zuletzt führten genau diese Interessen das Paar nach Südafrika, das zu den Lieblingsreisezielen der beiden gehört.

Das entscheidende Talent des Rheinländers Thomas Ernst ist es, Menschen international miteinander zu vernetzen und für besondere Projekte zu begeistern. Genau mit dieser Gabe entstand der Grundstein für die Idee zu diesem Buch. Ihm gelang es, den Ingenieur Gerard de Villiers, den Spitzenkoch Harald Bresselschmidt und einen der wohl besten Fotografen unserer Zeit, Alain Proust, für dieses Buch zu gewinnen.

*T*homas Ernst *was already interested in photography and recording techniques with manual cameras in his early youth. The highlight for him was his first own photographic laboratory and the development of recorded snapshots.*

Whenever his time allowed, he travelled through many countries around the world, took photographs and wrote for various publications. His training as an officer with the German armed forces with focus on social education followed later.

Together with his wife Martina he loves to visit far-away countries, enjoy good food and also discover excellent wines. Last but not least, it was precisely these interests which led the couple to South Africa, which is among their favourite travel destinations.

The decisive talent of the Rhinelander Thomas Ernst is to link people with each other internationally and to fill them with enthusiasm for special projects. The cornerstone of the idea for this book came into being exactly with this talent. He managed to involve engineer Gerard de Villiers, top chef Harald Bresselschmidt and one of the arguably best photographers of our time, Alain Proust, for this book.

Alain Proust

Seine Arbeit hat sich im Lauf der Jahre stets weiterentwickelt: vom Schwarzweiß-Labordrucker zum Teilzeitlehrer für Fotografie am Ruth Prowse Art Centre, Möbelfotograf, Stillleben-Fotograf, Food-Fotograf, Landschaftsfotograf, Werbefilm-Regisseur (Rolling Pictures). Zurzeit sehr angetan von digitaler Fotografie.

Er verwendet eine Nikon DX3 mit Objektiven von 14 mm bis 300 mm, alles in Blende f 2,8. Im Studio arbeitet er mit einer Contax Mittelformatkamera mit einem professionellen Leaf Digitalsystem.

Auf seinem Gelände besitzt er drei unterschiedliche Studios: vom Drive-in-Studio bis zu einem Stillleben-Studio mit Küche und arbeitet mit allen möglichen Arten der Beleuchtung, von Glühlampen bis Studio-Blitzgeräten.

Die Kundenliste von Alain Proust ist sehr umfassend und vielfältig und reicht von Orient Express, Virgin Hotel, Taj Group, Coral, Relais et Chateaux, One and Only und Sun international aus dem Gastgewerbe über Distell, DGB, Graham Beck Wines, Coca Cola, Smirnoff, J&B, Bells, Johnny Walker, Drappier, De Venoge, Champagne Mandois, Mailly gd Cru, SAB, Windhoek Breweries, Guiness aus der Getränkeindustrie bis hin zu den Werbeagenturen FCB, Jupiter Drawing Room, JW Thomson, Ogilvy, 99 Cents, Admakers, King James u.v.a. Seine Fotos erscheinen regelmäßig in Magazinen wie Wine Spectators, Decanter, Wine, Africa Geographic, Get Away, Visi, Elle, Architectural Digest, World of Interiors sowie in Büchern: Colonial Houses of South Africa, A Portrait of Cape Town, South African Wines, Mauritius, Groote Schuur, Meerlust, Cape Dutch Houses, Panoramic South Africa, Constantia Uitsig the Cookbook, Cape Malay Cookbook, Reader Digest Cookbook u. v. a.

H is work has evolved throughout the years from a black and white lab printer, to part time photography teacher at the Ruth Prowse Art Centre, furniture photographer, still life photographer, food photographer, landscape photographer, commercial movie director (Rolling Pictures). Now very much immersed in digital photography. He uses a Nikon DX3 with lenses from 14mm to 300mm, all in f 2.8. In studio he uses a Contax medium format camera with a Leaf professional digital system.

On my premises he has three different studios: from a drive-in studio to a still life studio with a kitchen and works with all different types of lighting, from incandescent to studio flashes.

Alain Proust's list of clients is extensive and varied and reaches from Orient Express, Virgin Hotels, Taj group, Coral, Relais et Chateaux, One and Only or Sun international of the Hospitality industry to Distell, DGB, Graham Beck wines, Coca Cola, Smirnoff, J & B, Bells, Johnny Walker, Drappier, De Venoge, Champagne Mandois, Mailly gd Cru, SAB, Windhoek breweries, Guiness oft he Beverage industry and FCB, Jupiter Drawing Room, JW Thomson, Ogilvy, 99 cents, Admakers, King James as Advertising agencies. His fotos are regularely shown in the Magazines as Wine spectators, Decanter, Wine, Africa Geographic, Get Away, Visi, Elle, Architectural Digest, World ofinteriors andare published in Books as Colonial houses of South Africa, A Portrait of Cape Town, South African Wines, Mauritius, Groote Schuur, Meerlust, Cape Dutch Houses, panoramic South Africa, Constantia Uitsig the cookbook, Cape Malay cookbook, Reader Digest cookbook, etc ...

Harald Bresselschmidt

Harald Bresselschmidt hat sich als Inhaber und Chef des Restaurants »Aubergine«, einem gastronomischen Highlight in Kapstadt, weltweite Anerkennung erworben. Er begann seine Kochausbildung mit 14 Jahren und machte sein Diplom, als er gerade mal 17 war: Das machte ihn zum jüngsten Chefkoch in der Region. Er arbeitete in Deutschland, Holland, London und der Schweiz, in Frankreich und Südafrika, in Hotels wie dem berühmten Grand Roche Hotel aus Paarl ebenso wie beispielsweise auf der Rhebokskloof Wine Farm.

Seine Kochkunst entwickelt sich ständig weiter, allen Innovationen liegt jedoch eine klassische Basis zugrunde. Besonders wichtig ist ihm dabei, alle Lebensmittel in ihrer möglichst natürlichen Form zu belassen.

Um seine gastronomischen Erfahrungen zu vervollständigen, legt Harald Bresselschmidt großen Wert auf eine gelungene Paarung zwischen Essen und Wein. Im Laufe der Zeit konnte er zu zahlreichen Weinherstellern des Kaplandes Geschäftsbeziehungen aufbauen und kann sich mittlerweile einer umfangreichen Weinkarte rühmen. Harald befasste sich immer intensiver mit der Paarung von Speisen und Wein, sodass in seinem Veranstaltungsraum »Auslese« mittlerweile maßgeschneiderte Dinner für Winzer, Firmenevents und andere Veranstaltungen stattfinden.

Harald war weltweit als Gastkoch tätig – von Sydney und Singapur bis Sylt und Montreal. Sein Restaurant »Aubergine« wurde mit vielen Auszeichnungen geehrt.

H arald Bresselschmidt has earned worldwide recognition as the owner and chef of »Aubergine« Restaurant, a gastronomic highlight of Cape Town. He began his culinary studies at 14 and achieved his Diploma by just 17 years old, making him the youngest chef in the region. He worked in kitchens in Germany, Holland, London and Switzerland, in France and South Africa, in Hotels as the famed Grand Roche Hotel of Paar as well as at Rhebokskloof wine farm.

His cuisine is constantly evolving, but a classic base underlies all the innovations and he places great importance on keeping foods in as natural a form as possible.

Harald Bresselschmidt places great emphasis on food and wine pairing to complete a full gastronomic experience. Over time he has developed relationships with many of the Cape winemakers and boasts an extensive winelist. Delving deeper into wine and food pairing, »Auslese«, his function venue, caters for bespoke winemaker's dinners, corporate functions and special events of all kinds.

Harald has cooked in many parts of the world as a guest chef, from Sydney and Singapore to Sylt and Montreal. Many awards have been bestowed on the »Aubergine«.

Danksagung
Acknowledgement

Gerard de Villiers

Ich möchte mich bei all meinen Auftraggebern – den Weingutbesitzern – bedanken, die mir die Gelegenheit gaben, am Design der im vorliegenden Buch beschriebenen Einrichtungen zum Teil mitzuwirken. Gebäude und Ausstattung wurden allesamt von großen Teams, bestehend aus wundervollen Beratern, Unternehmern und Herstellern, entwickelt und erbaut – ihnen gebührt die Ehre für diese erbrachten Leistungen. Schließlich möchte ich meiner Frau Libby dafür danken, dass sie mir ermöglicht hat, meinen Traum zu leben, indem ich die beste Arbeit der Welt ausüben kann und in einem der schönsten Täler Südafrikas in dem von ihr erschaffenen Heim leben darf.

I would like to thank all my clients – the visionaries – who have given me the opportunity to apply my trade in designing aspects of the facilities depicted in this book. The buildings and equipment have all been fabricated and built by large teams of wonderful consultants, contractors and fabricators – they should share the honour of these achievements.Finally, I would like to thank my wife Libby for allowing me to live my dream by having the best job description in the world, and by living in this most beautiful valley of South Africa in a home which she created.

Thomas Ernst

Mein ganz besonderer Dank gilt meiner lieben Frau Martina, den Autorenkollegen Gerard de Villiers, Alain Proust und Harald Bresselschmidt, den Visionären dieses Buches, Nadja Kneissler, Birgit Radebold, Magderi Koch sowie Axel Hecht für Ihre grenzenlose Geduld, da ich während der Recherche und der Erstellung dieses wunderbaren Buches streckenweise sicherlich recht nervig und anstrengend war. Meinem Freund Thomas Rink verdanke ich, dass Südafrika für mich eine zweite Heimat geworden ist. Durch ihn habe ich die südafrikanischen Weine schätzen und lieben gelernt.

Special thanks to my dear wife Martina, my author colleagues Gerard de Villiers, Alain Proust and Harald Bresselschmidt, who inspired this book, Nadja Kneissler, Birgit Radebold, Magderi Koch and Axel Hecht for their endless patience, as I was certainly really annoying and very hard work at times whilst researching and writing this wonderful book. I would like to thank my friend Thomas Rink for making South Africa into my second home. I have learnt to appreciate and love South African wines through him.

Alain Proust

Ich möchte den Weingutbesitzern und ihren Stellvertretern danken, die mir einen uneingeschränkten Zugang zu ihren Anwesen gestatteten. Es war eine intensive, auf alle Fälle lohnenswerte Reise in das landschaftlich wohl reizvollste Weinanbaugebiet der Welt.

I would like to thank the winery owners and their representatives to let me access without restriction their properties. It has been an intense but rewarding journey, in what must be the most scenic of winelands in the world.

Harald Bresselschmidt

Mein Dank geht an die Weingüter, die mir die vertrauensvolle Aufgabe übertrugen, ihre charakteristischen Weine mit Rezepten in Einklang zu bringen, die mit für Südafrika typischen Zutaten zubereitet werden und speziell dafür kreiert wurden, dem Leser sensationelle Speise- und Weinerlebnisse zu bescheren. Es war mir eine Freude und Ehre, mit einem Profiteam zusammenzuarbeiten, dessen Kunstfertigkeit ohnegleichen war.

I would like to thank the wineries for entrusting me with the task of pairing their signature wines with recipes inspired by unique South African ingredients and specifically created to give the reader a sensational food and wine experience. It was my pleasure and a privilege to work with a professional team, each of whose craft is beyond compare.

SORT / HOIST / SATELITE BIN

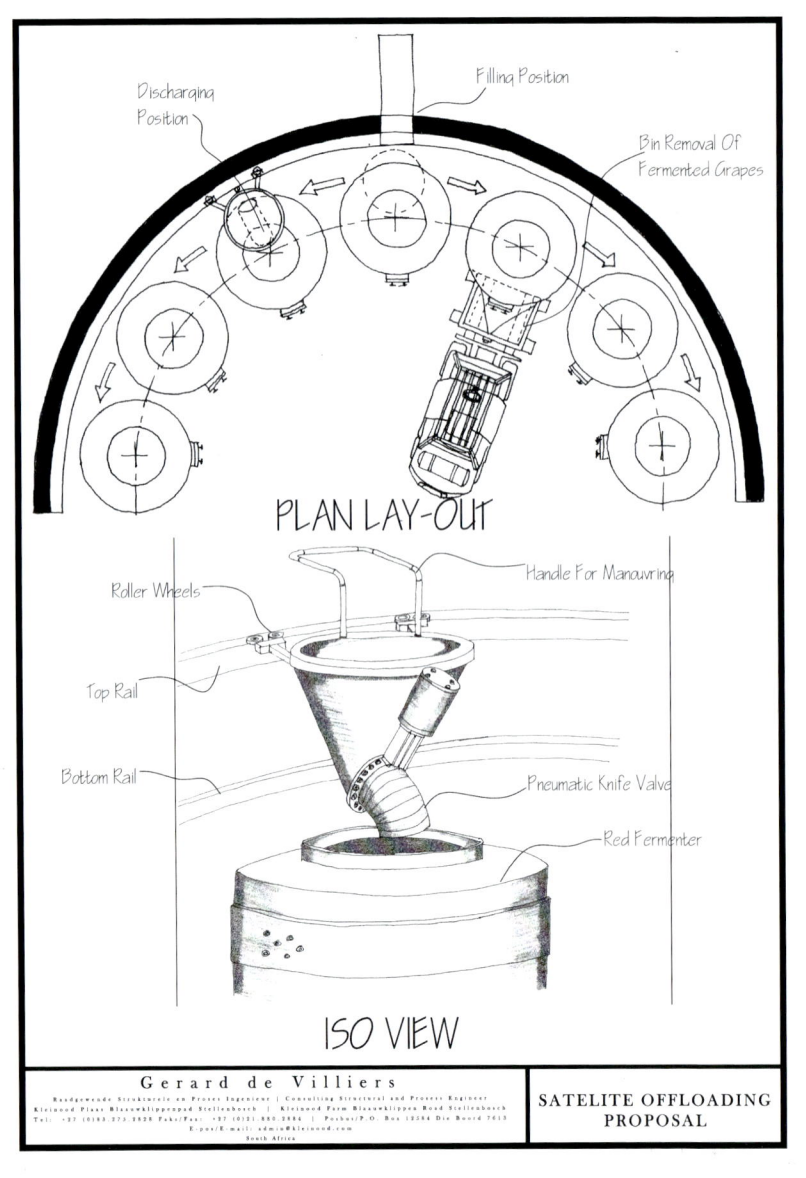

Discharging Position
Filling Position
Bin Removal Of Fermented Grapes
PLAN LAY-OUT
Roller Wheels
Handle For Manouvring
Top Rail
Bottom Rail
Pneumatic Knife Valve
Red Fermenter
ISO VIEW
Gerard de Villiers
Raadgewende Struktureie en Proses Ingenieur | Consulting Structural and Proses Engineer
Kleinood Plaas Blaauwklippenpad Stellenbosch | Kleinood Farm Blaauwklippen Road Stellenbosch
Tel: +27 (0)83.273.2828 Faks/Fax: +27 (0)21.880.2884 | Posbus/P.O. Box 12584 Die Boord 7613
E-pos/E-mail: admin@kleinood.com
South Africa
SATELITE OFFLOADING PROPOSAL

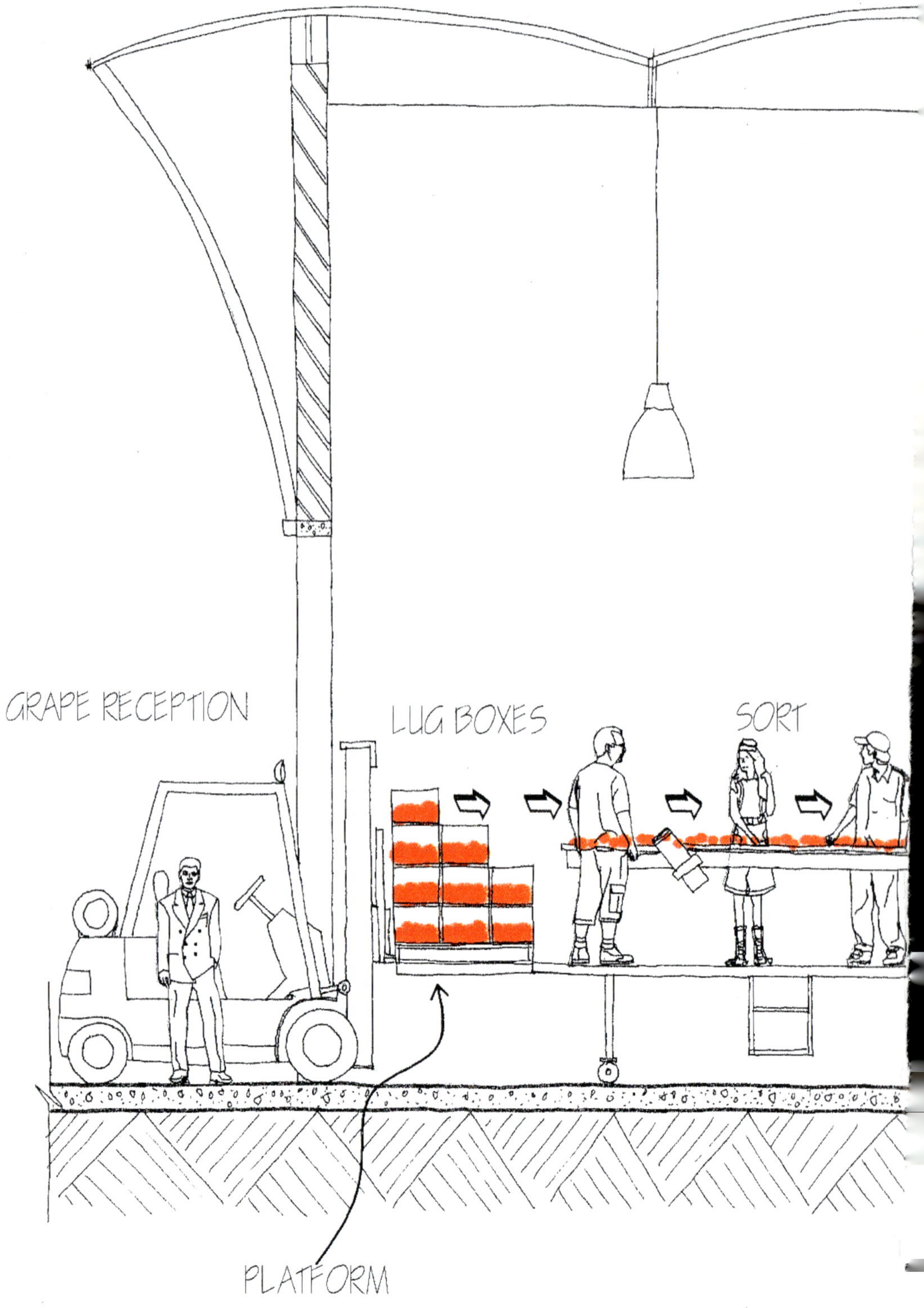

GRAPE RECEPTION
LUG BOXES
SORT
PLATFORM